U0045815

PIÈCE MONTÉE

圖解拉糖藝術＆巧克力工藝

世界級甜點職人親授，專為初學者打造的甜點工藝教科書

赤崎哲朗
冨田大介

前言

使用糖和巧克力等烘焙材料製作而成的大型藝術作品，法文稱為「PIÈCE MONTÉE」。這項技藝不僅在日本國內外舉辦了許多競賽，如今的世界大賽中也經常可以看到日本人活躍的身影。尤其對於年輕的甜點師傅來說，這正是他們所嚮往的領域吧。

甜點工藝這門領域，作品整體的構圖和設計自不待言，還有細部完成度的高低也與成品的美感息息相關。不光只是看工藝技術，還包括顏色的組合與空間的呈現方式等，都得從構思階段就開始要求，以豐富的感性來進行縝密的評估。而且，在競賽等實際操作的場合，由於作業環境不同與時間限制，對於各個情況所須具備的判斷力和應對能力，也都要求高水準。

不過，剛開始其實並不需要立刻挑戰製作高難度的作品。首要之務應是掌握材料的特性，學會基本的技術和觀念。因為即使是高難度的作品，也是以基本的技術和觀念作為基礎，好好地學會基礎的東西之後，才能善加應用，創造出更具魅力的作品。

本書分成拉糖藝術和巧克力工藝這 2 大類，再分別以基礎篇、初級篇、中級篇、高級篇，循序漸進地解說技術和製作的訣竅。本書由曾在世界盃甜點大賽（Coupe du Monde de la Pâtisserie）中作為日本代表隊一員出場，並在世界級舞台留下優異成績的兩位甜點師傅擔任教學任務。負責拉糖藝術的是赤崎哲朗先生，負責巧克力工藝的則是冨田大介先生。從基本的技巧到他們兩位原創的表現方法，將世界級的頂尖技術和創意全部毫無保留地展示在大家面前。

如本書能夠成為各位讀者邁向甜點工藝領域的第一步，並且啟發各位朝向更高階的技藝前進，實屬榮幸之事。

柴田書店 書籍編輯部

令觀賞者目眩神迷的美感、無法抗拒的動人力量、令人不自覺綻放笑容的快樂——我自己便是受到許多作品的感動，而被甜點工藝這個充滿魅力的世界吸引住的其中一人。製作甜點工藝時必備的理論、技術和構成力，愈是反覆練習、透過累積實務經驗來磨練自己，表現就會愈來愈好。不過，一開始先不要太過拘束，希望大家能懷著愉悅的心情來挑戰，那樣的心情將會成為成長的原動力。抱持著興趣努力前進，並在每天的練習之中，留意各種事物的細節，將那些細節確實地吸收之後，提升為自己的技術和創意吧。

甜點工藝絕非門檻很高的領域，我認為這屬於每天製作糕點時延伸出來的一項技藝，從利用手邊現有的素材和器具開始動手製作就可以了。懷著愉快的心情動腦筋設計，將自己的世界觀盡情地表現出來吧。那樣子的話，培養出來的技術、創意和表現力，也可以運用在製作糕點的時候，相信應該能夠成為你的甜點師傅生涯中一項重要的基礎。

赤崎哲朗 *Tetsuro Akasaki*
都酒店＆度假村／統括製菓長
大阪萬豪都酒店／點心料理長

1975 年生於日本京都府。曾於關西地區知名飯店任職，在名古屋萬豪酒店累積約 12 年的經驗。2014 年擔任大阪．阿倍野的大阪萬豪都酒店的點心料理長。在 2007 年日本蛋糕博覽會中獲得首獎等，榮獲眾多競賽獎項。2013 年參加世界盃甜點大賽，出任日本代表隊的隊長，帶領團隊得到綜合組第 2 名的輝煌成績。

以多樣的表現手法將自己的世界觀形塑出來，這正是甜點工藝的樂趣所在。想將創意實體化時，必須先具備知識和技術，除了從書本和他人的身上學習之外，實際挑戰看看，累積經驗，才能更深入地了解知識和技術。如果能每天接觸素材、試著用頭腦和感官去理解素材的特性，也就能漸漸了解處理素材時的適當溫度和力道強弱等。理解程度提升之後，就會變得注意起素材狀況的變化。一開始每個人都沒有經驗，在到達專家的程度之前，我想還是會常常經歷失敗吧。不過，失敗也是寶貴的經驗，而且將會轉化為成長的養分。

創作作品的時候，「心情」也很重要。調味也是如此，自己不樂在其中的話絕對做不出好作品。創作者的想法會反映在作品上，傳達給觀賞者。創作的過程有多麼享受，有多麼認真地全力以赴，那樣的心情狀態都會影響作品的完成。但願對甜點工藝的世界懷有強烈熱情的挑戰者能接二連三地出現。

冨田大介 *Daisuke Tomita*

Pâtisserie Quartier Latin／店主兼主廚

1977年生於日本愛知縣名古屋市。自美術大學設計系畢業後，先任職於「HÔTEL DE MIKUNI」（東京．四谷）。接著在「PÂTISSERIE AIGRE DOUCE」（東京．目白）擔任副主廚10年之後，回到老家的甜點店，並於2017年重新裝修的同時就任店主兼主廚。2008年在查爾斯．普魯斯特盃的大賽中取得綜合組冠軍，2013年世界盃甜點大賽，以日本代表隊隊員身分獲得綜合組第2名、巧克力工藝組首獎。

Contents

攝影　上仲正寿、間宮博、川島英嗣
設計　伊藤泰久（ink in inc）
編輯　吉田直人、大坪千夏（café-sweets 編輯部）、
　　　永井里果（café-sweets 編輯部）

本書摘錄自連載於《café-sweets》vol.188～vol.192「工藝的技術」，以及 vol.173 特輯內的技術講座，加入全新的作品之後大幅度地增刪、修訂而成。

巧克力工藝

Column

本書使用須知

〔關於材料〕

▸ **黏接用的糖漿**／需準備2種無染色的流糖，一種是將糖漿倒在保溫燈底下做成柔軟固狀物；另一種則是用鍋子熬煮後直接使用的液狀物。基本上，固狀的糖團用於黏接較大的零件，液狀的糖漿則用於黏接小零件。

▸ **巧克力**／使用黑巧克力、牛奶巧克力、金黃巧克力、白巧克力這4種巧克力。不論是哪種巧克力事前都要先經過調溫處理。如果需要進行溫度調整等其他事前準備工作的話，會記載在材料欄或是作業流程裡。

▸ **上色用的液體色素**／基本上，拉糖藝術是使用色粉和櫻桃白蘭地混合而成的色素，巧克力工藝則是使用色粉和可可粉混合而成的色素。

〔關於作業〕

▸ 在熬煮作為材料的糖漿，或是加工熱騰騰的糖團時，請務必小心以免燙傷。

▸ 室溫以20～25℃為準。

拉糖藝術

技術指導：赤崎哲朗

光豔動人又美麗的糖工藝。適材適所地
運用流糖、吹糖、拉糖這3種手法，
將糖獨有的魅力表現得淋漓盡致。

在學習拉糖藝術之前

需要先知道的糖工藝種類和糖漿煮法

基礎篇

Basic

糖工藝的種類

流糖

〔Sucre Coulé〕

把糖漿倒入矽膠、鋁製的模具，或是圓形圈模等，讓它在裡面凝固而成。不用模具直接倒在矽膠墊或紙上，或是以圓錐形紙袋擠花，也可以表現出動感。

拉糖

〔Sucre Tiré〕

拉摺糖團將空氣包覆進去，使其展現出光澤。藉由拉摺，可以增添一股如金屬般的神韻，表現閃亮的色調。拉摺過度的話，光澤反而會消失，所以請好好掌控次數，使糖團的拉摺狀態適當地呈現。

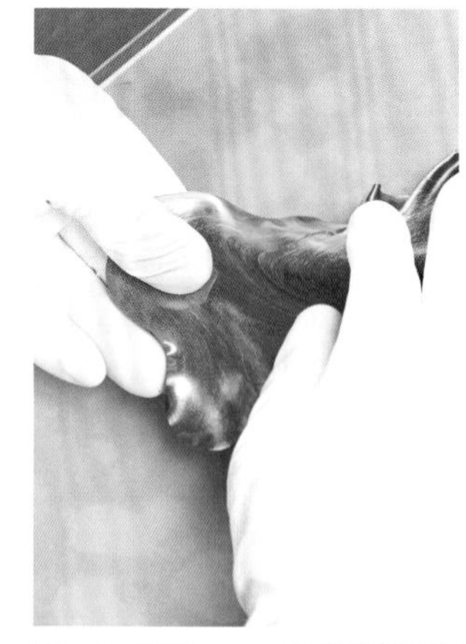

吹糖

〔Sucre Soufflé〕

將糖團揉圓，以手指等戳出凹洞之後，再包覆住幫浦的管子前端接合起來，接著灌入空氣使糖團膨脹而成。有時也會在膨脹之後把糖團拉長，做成吸管狀。

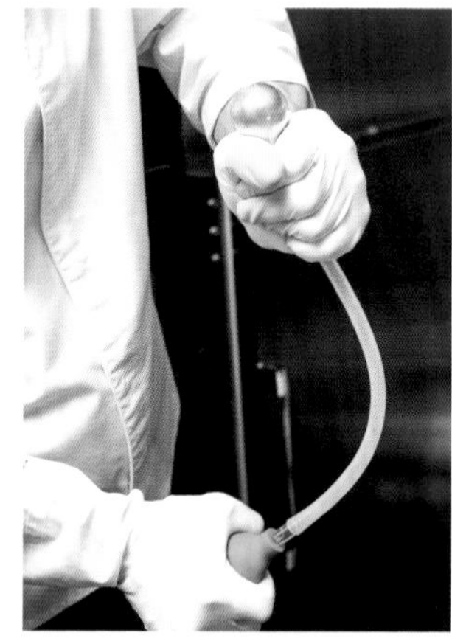

關於材料・配方

了解糖漿的特性，選擇適合作業的配方

糖工藝用的糖漿，其材料和配方有以珍珠糖為主體的類型和使用細砂糖製作的類型。因為作業溫度帶、顏色或光澤、凝固的難易度、強度等有著微妙的差異，所以不論是哪種類型都要先試試看，掌握好各個類型的特性。糖漿的特性適不適合自己的作業型態或作品，是相當重要的一件事。可以針對作品的每個零件分別使用配方不同的糖漿，也可以用相同配方的糖漿製作全部的零件。

反覆鑽研下去的話，就能找到屬於自己的配方和熬煮溫度。「配方1」、「配方2」是一般的配方，而拉糖&吹糖用的「配方3」則是原創的配方，熬煮的溫度很高也是重點所在。「配方3」熬煮出來的糖漿比起其他配方硬，較容易凝固，因此特別是在製作小零件時很難操作。另一方面，它具有彈性，拉長的時候延展性佳。藉由砂糖的褐色變化使發色具有深度也是它的特徵。

熬煮糖漿 ①

流糖（Sucre Coulé）用

材料・配方分成以珍珠糖為主體，和使用細砂糖這2種類型。這裡要為大家介紹的是，使用不易上色、保有高透明度的珍珠糖製作而成的，流糖用糖漿（配方1）熬煮方法。

〔材料・配方〕

配方1　〔熬煮溫度：160～170℃〕

珍珠糖…100%

※加入少量的水也OK。

配方2　〔熬煮溫度：150～160℃〕

細砂糖…100%

水…30%

水麥芽…30%

酒石酸氫鉀…0.1%

※記載於細砂糖以下的材料數值為相對於細砂糖分量的比例。

1 鍋中裝入少量的水（分量外），加入珍珠糖之後開大火加熱。考量到也可以用來作為配件的零件，或黏接用的糖漿，所以多準備一點備用。　A

2 以沾了水的毛刷刷除黏附在鍋壁上的珍珠糖。　B~C

►黏附在鍋壁上的糖漿會結晶，若結晶殘留，糖漿狀態會不好。

3 偶爾攪拌一下，加熱至170℃。糖漿會漸漸變得透明，並在這段期間適度地刷除鍋壁上的糖漿。　D~E

►在不使用水的情況下，鍋底容易煮焦，所以要適時地攪拌。

4 離火，整個鍋子放在用水浸濕的布巾上，抑制溫度繼續上升。移至保溫燈底下，一邊讓表面保溫，一邊放置到排除空氣為止。如果有氣泡殘留的話，以瓦斯噴槍的火焰烘烤氣泡，使氣泡消失。　F

熬煮糖漿 ②

拉糖（Sucre Tiré）&
吹糖（Sucre Soufflé）用

材料・配方有以珍珠糖為主體的類型，和使用細砂糖的 2 種類型，共計 3 種類型。這裡要為大家介紹的是使用細砂糖的類型中，以傳統的配方（配方 1）染成綠色的方法。關於使用細砂糖的其他配方（配方 3），請參照 11 頁的「關於材料・配方」。

〔材料・配方〕

配方 1　〔熬煮溫度：160 ～ 170℃〕

細砂糖…100%
水…30%
水麥芽…0 ～ 30%
酒石酸氫鉀…0.1 ～ 0.8%
液體色素（紅・藍・黃）…各適量

※ 記載於細砂糖以下的材料數值為相對於細砂糖分量的比例。
※ 製作吹糖專用的糖漿時，酒石酸氫鉀的配方須調整成 0.1 ～ 0.5%。※ 液體色素是於櫻桃白蘭地中加入色粉後，攪拌溶勻而成。

配方 2　〔熬煮溫度：150 ～ 180℃〕

珍珠糖…100%
色素（紅・藍・黃）…各適量

※ 色素是於櫻桃白蘭地中加入色粉後，攪拌溶勻而成。

配方 3　〔熬煮溫度：180 ～ 190℃〕

細砂糖…100%
水…30%
水麥芽…100%
酒石酸氫鉀…0.1 ～ 0.8%
液體色素（紅・藍・黃）…各適量

※ 記載於細砂糖以下的材料數值為相對於細砂糖分量的比例。
※ 製作吹糖專用的糖漿時，酒石酸氫鉀的配方須調整成 0.1 ～ 0.5%。※ 液體色素是於櫻桃白蘭地中加入色粉後，攪拌溶勻而成。

1 將細砂糖、水、水麥芽、酒石酸氫鉀放入鍋子中，開大火加熱。為了避免黏附在鍋壁上的糖漿變成結晶，要以沾了水的毛刷刷除黏附在鍋壁上的細砂糖。
► 黏附在鍋壁上的糖漿會結晶，若結晶殘留，糖漿狀態會不好。

2 加熱至 165℃。出現浮沫之後，以網勺輕輕撈除浮沫。要上色的話，雖然也可以在一開始就將液體色素連同其他的材料放入鍋裡，但在這裡是等沸騰之後才加入液體色素。如果要製作綠色糖漿，便先加入黃色，再混入藍色調成綠色，最後加入很少量的紅色表現出深度。照片 D 是加入紅色之前，E 是加入後。此外，如果要製作紅色糖漿，便可添加很少量的藍色，表現出深度。　A~E

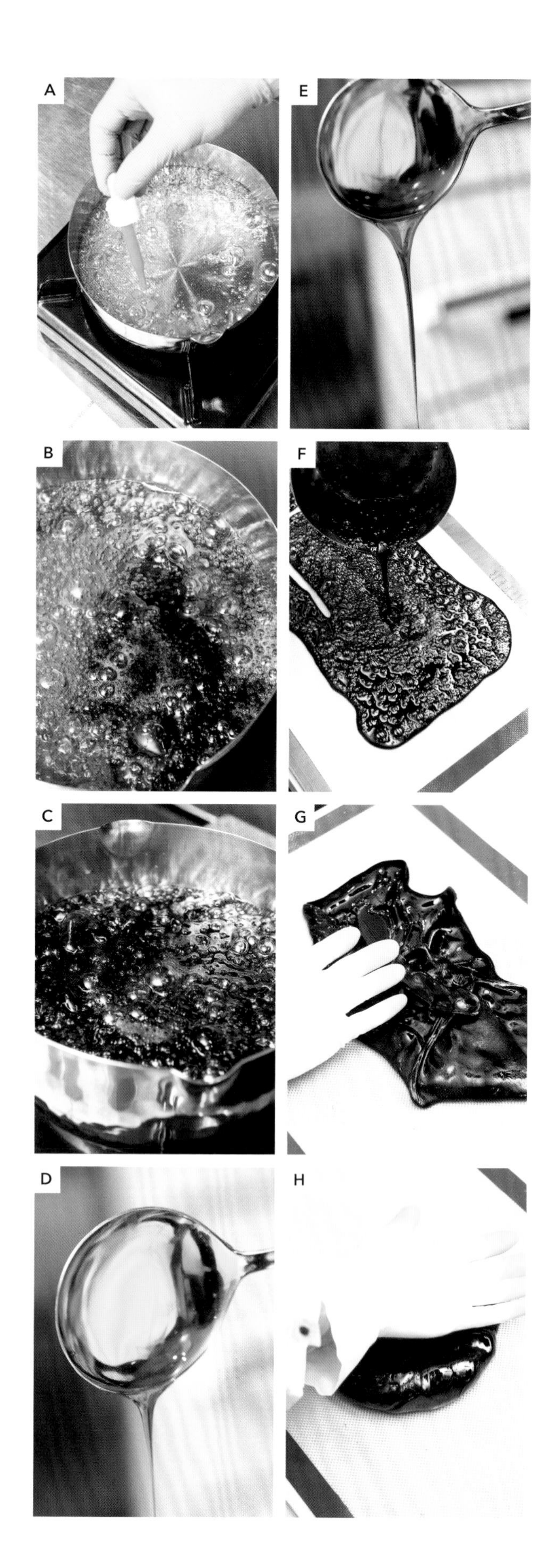

▶ 染色的時候，若在糖漿水分熬乾時加入色素的話，色素就會飛濺起來黏在鍋壁上，導致焦掉。

▶ 加入色素的時間點有 2 種類型。一開始與其他的材料一起放入鍋中的話，因為是在水的分量很多的狀態下放入，所以很容易融合；若是在沸騰之後才加入色素的話，因為水分已經某種程度上蒸發完畢了，所以很容易就能看出完成時的顏色等，各有各的優點。

▶ 以湯匙舀起來，就能很輕易地確認顏色的深淺。

3 將矽膠墊鋪在大理石的作業台上，再將 ② 倒在矽膠墊上攤平。就這樣放著讓它冷卻，並用手觸碰看看，確認已經變成完全不沾手的狀態即可。 F

4 將糖漿由周圍向中心聚攏，摺成一團。 G

5 以手掌壓平，然後摺疊。反覆進行數次這個作業。 H

▶ 設法將已經變冷的表面往中間摺，就能簡單地使溫度下降得很平均。

6 糖團的溫度下降，變得稍微能感覺到反彈的狀態之後，捏成棒狀，雙手各持一端拉開成細長條。摺成 2 半之後再次拉長。若要接著製作工藝的話就要考慮繼續拉摺，但只是在準備階段的話，請在拉摺到最佳狀態前就停止。 I~J

▶ 把糖團放在保溫燈底下，保持溫熱柔軟的狀態備用，就能立刻進行下一步製作零件的階段。偶爾滾動一下糖團，配合自己的進度控管糖團的保溫狀態。

I

J

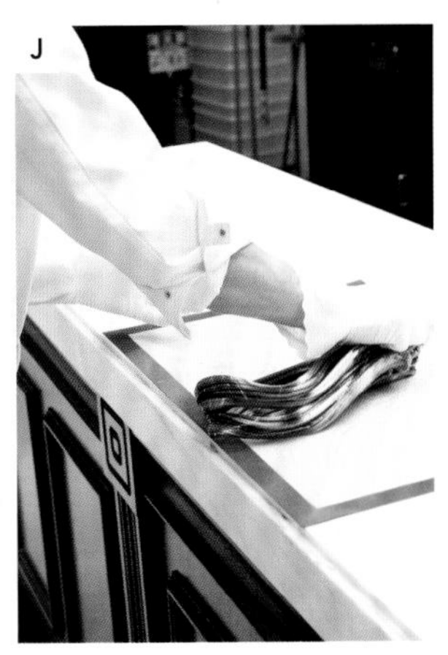

CHECK：染色

想像著完成時的顏色進行染色

染色的重點，在於先想像出完成時所要表現的色調來調整顏色，也要考慮到梅納反應（砂糖因加熱而產生的褐色變化）會造成變色。此外，在主體的顏色中加入大致上是互補色的顏色，就能表現出深度。熬煮好的糖漿就這樣放著讓它凝固的話，會變成帶有透明感的糖團（照片左），經過拉摺後包覆空氣，就會出現略帶銀色的光澤，且略微發白（中）。繼續拉摺變薄的話，則會變成閃耀著金屬般光芒的色調（右）。

熬煮好的糖漿直接凝固的狀態 | 熬煮好的糖漿經過拉摺再整理好的狀態 | 繼續拉摺之後變成薄片的狀態

製作拉糖藝術的主要器具

必備的器具類。左邊的圖片中，右起為吹風機、橡膠手套、瓦斯噴槍、剪刀、利用相機用品自製的吹糖用幫浦。有的橡膠手套底下會再套入薄質的布手套。

自製的作業台，為了移動方便，在圓形的台面下安裝了小腳輪。吸收撞擊力的墊子可以自由拆卸。外觀也很講究，還仔細地上了漆。

與 TSUJI-KIKAI 共同開發的保溫燈「Amélie」。遠紅外線陶瓷加熱器和可以微調溫度的功能等，處處滿足我的要求。

拉糖藝術

初級篇

學會基礎技術＆
藉由構圖巧思留下深刻印象

Beginner

以緞帶塑造輪廓等，
在構圖方面下工夫，用基礎技術打動人心。
以在空中滾一道花邊的意象來製作。
致力於做出即使不特別強調也能傳達主題，
令人印象深刻的作品。
這次的主題是「春天的色彩」。

了解糖的特性，
掌控光澤和顏色

拉糖藝術之所以吸引人，其魅力在於可以表現出美麗的光澤、透明感，和輕盈感。奠基於這些特色之上的首要之務，便是構想藍圖。決定好主題，構思顏色的組合和設計，然後畫出設計圖，以便將腦海中的意象透過視覺加以確認。以我個人來說，我會一邊確認重心的位置和平衡，一邊考慮作品的流動感。想像在空中有一條眼睛看不見的線，延續作品的曲線。以那條看不見的線連結這些零件的話，就能將整個作品整合得很漂亮。

糖團的顏色有無數種選項。利用三原色組合和光澤明暗程度調配的話，不論什麼色調都能創造出來，也都能清楚地表現出來。以綠色這個顏色為例，自然界中存在的綠色，隨著春季、夏季，和秋季等季節的更迭，予人不同的印象。春季的淺綠、夏季的翠綠、秋季帶點紅色的綠……能夠以糖來表現出適合該季節的色調。掌控色彩，製作出預想的顏色，作品便能產生深度，也攸關個性的展現。當然，最大的前提是考慮到糖漿的特性。把梅納反應（砂糖因加熱而產生的褐色反應）造成的變色也預先考慮進去吧。此外，即使相同的顏色也會因糖團的厚度使得看見的顏色有所不同，透明的糖團也必須特別注意。雖然透明的糖團與任何顏色搭配都適合，但是因為會映照出鄰近零件的顏色，所以也要把這項影響考慮進去。如果不知道要用什麼顏色，就從主題聯想出各種場景，並讓思緒馳騁其中，顏色的組合方法其實也類似衣服的配色。

每個糖工藝都是創作者想要呈現出來的作品，但重要的是要毫無違和感地傳達給觀賞者。以玫瑰花來說，要仔細觀察真實的玫瑰花，掌握它的特徵。糖團會因為弧度或凹凸形成光和影的對比。糖工藝最大的魅力在於光澤，掌控光澤的呈現方式是必備的技術，也是創作者施展本領之處。

辨視最美的光澤所顯現的瞬間，在有時間限制的情況下，保持住那個光澤，同時以手工作業打造出自己理想中的形狀，看看能再現到什麼樣的程度。完成度高的作品，通常都是從細膩的手工作業中誕生的。

PROCESS | 流程

1.	構想	決定主題，構思色調和設計。
2.	設計圖	畫出設計圖，以便將創意具體化。
3.	熬煮糖漿	分別熬煮用來製作流糖（Sucre Coulé）、拉糖（Sucre Tiré）、吹糖（Sucre Soufflé）的糖漿。視需要將糖漿染色。一部分的糖漿則用來當作黏接劑*。
4.	製作基座	以流糖製作基座的零件，組裝之後做成基座。
5.	製作零件	使用拉糖和吹糖等的手法， 製作主角的玫瑰花和用來搭配的零件。
6.	塑造輪廓	將塑造輪廓的零件黏接在基座上。 將對作品整體輪廓有重大影響的主角玫瑰花也黏接上去。
7.	搭配・完成	黏接主要的零件，再添上細小的零件後就完成了。

*黏接用的糖漿／需準備2種無染色的流糖，一種是將糖漿倒在保溫燈底下做成柔軟固狀物；另一種則是用鍋子熬煮後直接使用的液狀物。基本上，固狀的糖團用於黏接較大的零件，液狀的糖漿則用於黏接小零件。

SKETCH | 設計圖

基本上就是將想呈現的東西配置在正中央。先畫出這次的主角玫瑰花，並一邊留意線條，一邊構思出包含基座在內的作品整體輪廓。考慮到觀賞者的視線，將玫瑰花以從正面即可看見的角度呈現。

製作基座

以使用不易染色、保有高透明度的珍珠糖熬煮成的無染色流糖（Sucre Coulé）用糖漿，製作基座。

POINT

❶ 倒在矽膠墊上的話，表面會變得具有光滑的質感，底面則會有細小的氣泡跑進去。將有氣泡進入的底面當作背面即可予人有深度的印象。
❷ 使用剩餘的糖漿進行黏接作業。零件本身也要用瓦斯噴槍的火焰烘烤，稍微融化之後重疊在一起，可以提高黏接的強度。

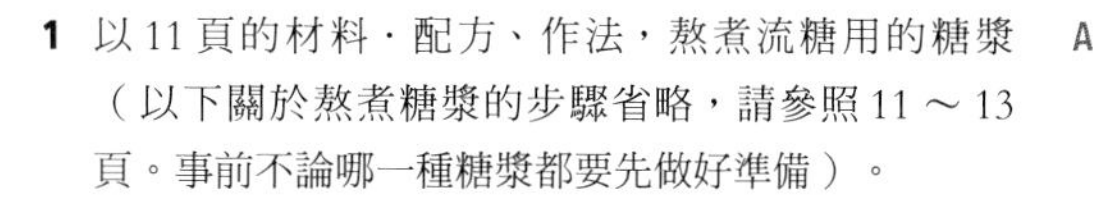

1 以 11 頁的材料・配方、作法，熬煮流糖用的糖漿（以下關於熬煮糖漿的步驟省略，請參照 11 ～ 13 頁。事前不論哪一種糖漿都要先做好準備）。 A

2 將烘焙紙鋪在作業台上，再疊上矽膠墊。將直徑 15cm、12cm、6cm 的 3 種圓形圈模內側側面，分別以噴油罐噴上油，然後放在矽膠墊的上面。將 ① 慢慢倒入圓形圈模裡。倒入的糖漿厚度，直徑 15cm 的約 1cm，直徑 12cm 和 6cm 的分別約 1.5cm。如果有很顯眼的氣泡，就以瓦斯噴槍的火焰烘烤，消除氣泡，並置於室溫中冷卻凝固。 B~C

3 將烘焙紙鋪在作業台上，再疊上矽膠墊。放置 4 根厚 1cm 的鐵條，使內側形成 30×5cm 左右的長方形，然後在鐵條的內側側面以噴油罐噴上油。將 ① 慢慢倒入鐵條圍起來的部分裡。如果有很顯眼的氣泡，就以瓦斯噴槍的火焰烘烤，消除氣泡，並置於室溫中冷卻凝固。 D

4 待 ③ 凝固之後即可脫模。
► 因為很容易留下痕跡，所以摸起來不可以是黏手的。

5 一邊以烤箱或保溫燈予以保溫，一邊將表面（質感光滑的那一面）向外側摺彎成 2 折，做成變形的水 E~G

A

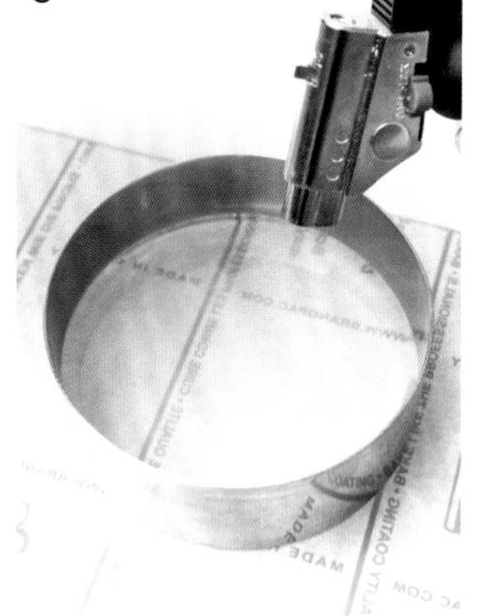
C

B

D

滴形狀。如果將烘焙紙沿著圓形圈模等器具外側摺彎的話，就能輕易彎出漂亮的弧度。將兩端合在一起，稍微扭轉接合處，為形狀增添變化。

6 準備黏接用糖漿。將剩餘的無染色流糖用的糖漿再次開火加熱，煮成黏稠的狀態。

7 待②凝固之後卸下圓形圈模。完成3個圓盤狀的糖工藝。在其中直徑12cm×厚約1.5cm的糖工藝上面，放置少量⑥準備的黏接用糖漿，再以瓦斯噴槍的火焰烘烤。疊上直徑15cm×厚約1cm的糖工藝，用手指按壓以確實黏牢。 H~I

8 在⑦的中央放置少量黏接用糖漿，以瓦斯噴槍的火焰烘烤。將直徑6cm×厚約1.5cm的糖工藝背面全部以瓦斯噴槍的火焰烘烤，等它稍微融化之後，重疊在中央。用手指按壓以確實黏牢。 J

9 以瓦斯噴槍的火焰烘烤⑧的中央，等它稍微融化之後，放置少量黏接用糖漿。在⑤時做的水滴形糖工藝，也以瓦斯噴槍的火焰烘烤底部區域，等它稍微融化之後，將這些零件黏接起來。以吹塵器（非吹出冷氣型）等對著黏接部位吹一下，就會很輕易地變乾。 K~L

► 在黏接之前，請先一邊想像著完成時的形狀，一邊考慮符合該形狀的角度和平衡。此外，如果使用吹出冷氣型的吹塵器，恐有損壞糖工藝的疑慮，請多加注意。

活用手邊的器具作為模具

平常使用的圓形圈模和鐵條等烘焙器具，也可以善加利用作為模具。別忘了，這是每天製作糕點的工作之餘，所延伸出來的技藝，優先考慮使用手邊現有的器具吧。

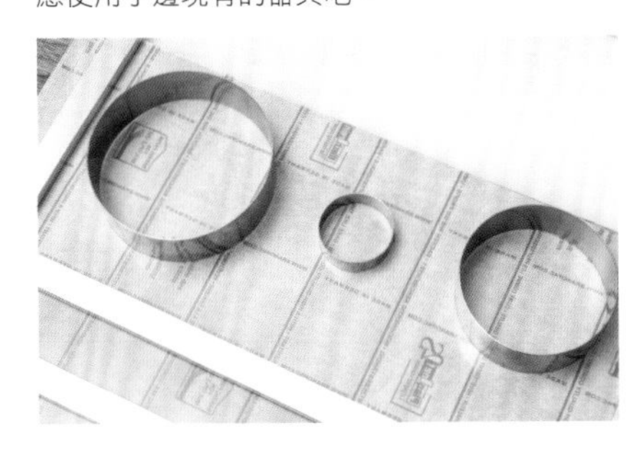

製作零件 ①

〔製作玫瑰花〕

使用煮好的糖漿製作主要的零件。首先是製作這次作品的主角玫瑰花。對我來說，玫瑰花是糖工藝「基礎中的基礎」，可說是最為基本的技術。藉由改變花瓣的片數，製作大・中・小 3 種尺寸的玫瑰花。

POINT

❶ 花瓣的位置須交錯黏接。

❷ 花瓣和花瓣之間須間隔適當，展現出照到光線和沒照到光線部分兩者的對比。

1 拉摺紅色的拉糖用糖團，拉出光澤。

2 拉出光澤之後聚攏成團，整平，用兩手的手指夾住一部分，以拉開的方式把糖團拉大，同時把它拉薄。隨著糖團變薄，光澤也會增多。 A

► 拉薄之後切下糖團（花瓣），將它水平放置。為了讓它從側面看過去時，前端可以看起來像細線一般，需要一邊掌控部分糖團的厚度一邊拉開。全體變薄的話則可以展現纖細感。

3 變薄之後，把拇指的指腹緊貼在顯現光澤的部分，一邊用拇指壓入一邊拉開延展，然後以剪刀剪下來。 B~C

► 利用拇指指腹的弧度，來製作花瓣輪廓。要具備著使全體變薄的意識來製作。

4 以剪刀剪開的部分朝下拿著，橫向轉動一圈把它捲起來。這個時候，為了使外觀看起來飽滿，中心要適度地做成空洞。底部則聚集成細長條。把這個當作玫瑰花的花心。 D~E

5 使用與 ② ～ ③ 同樣的作法，將糖團拉薄後剪下。將以剪刀剪開的部分朝下拿著，捲在 ④ 做好的花心上面，貼緊。底部以瓦斯噴槍的火焰烘烤黏接。重複這個步驟，貼近花心的外側黏接 2 片，然後它的周圍黏接 3 片，合計黏接 5 片，做成像花苞一樣的形狀。準 F

A

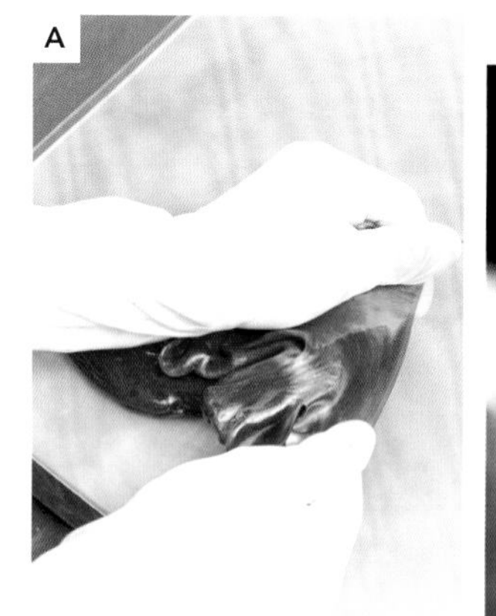

C

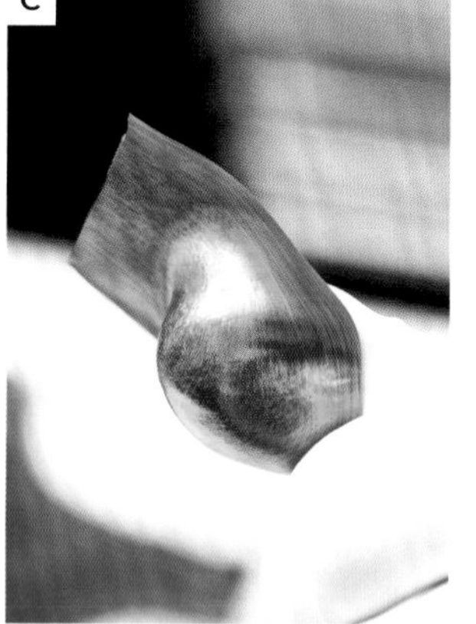

B

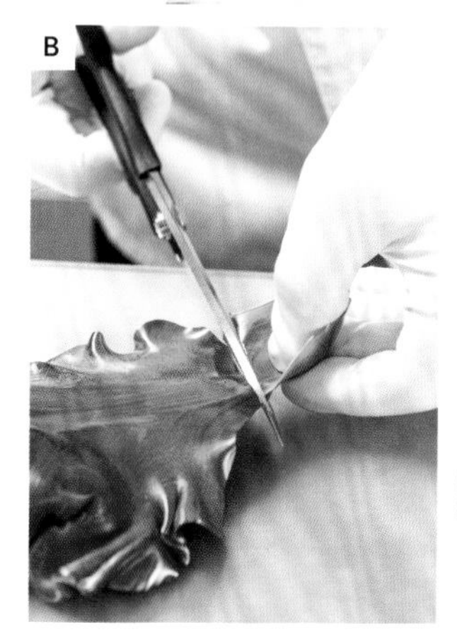

D

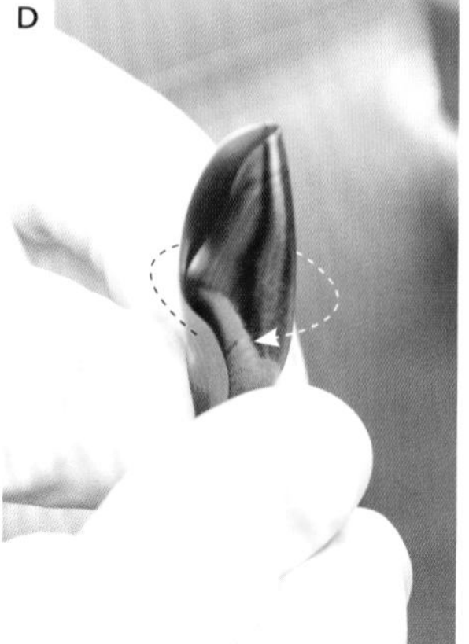

備 3 個這樣的花苞。

6 改變花瓣的形狀。使用與 ② ～ ③ 同樣的作法，將糖團拉薄，然後以剪刀剪下來。將上側邊緣的部分往外側彎曲，彎出弧度。 G~H

► 將拉糖彎曲或是摺疊後再捏塑形狀的話，可以使形成的彎曲或凸出部分強烈地受到光線影響，因而閃閃發亮。根據這個特性來成形，可以有效地展現出光澤。

7 將 ⑥ 以剪刀剪開的部分朝下拿著，捲在 ⑤ 的上面，貼緊。底部以瓦斯噴槍的火焰烘烤黏接。 I~J

8 重複 ⑥ ～ ⑦ 的步驟，改變花瓣的片數，做出 3 種尺寸的玫瑰花。小朵的玫瑰花是在 ⑤ 的周圍黏接 3 片花瓣。中朵和大朵的玫瑰花是在 ⑤ 的周圍黏接 3 片花瓣後，外側再黏接 3 ～ 5 片花瓣。

► 黏上去的花瓣要漸漸變大。

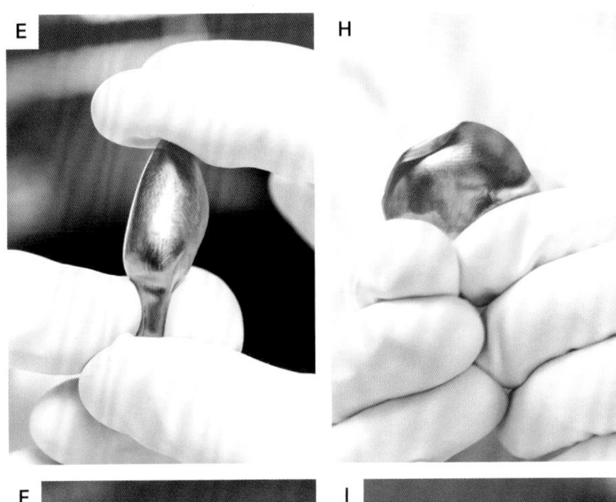

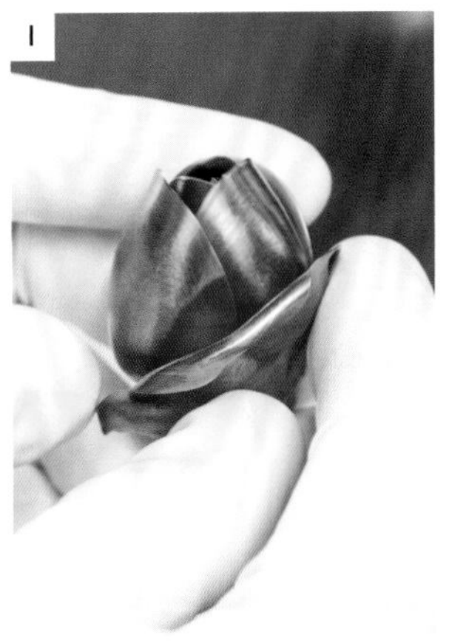

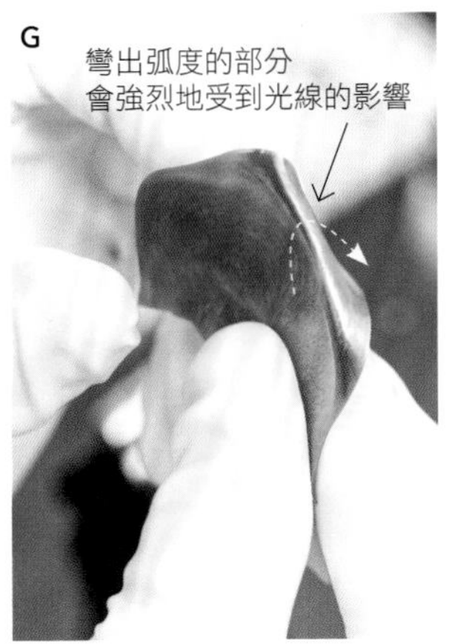

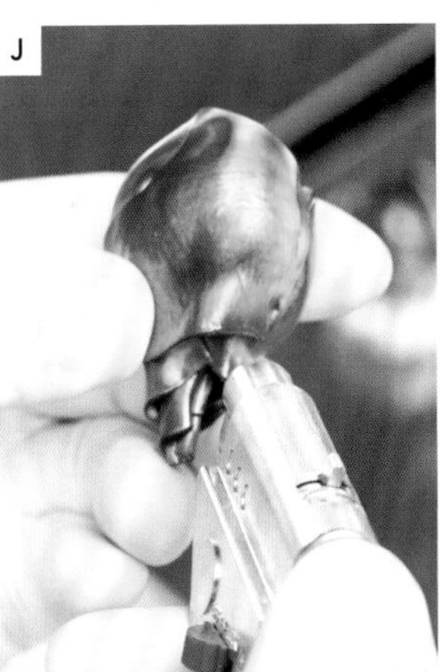

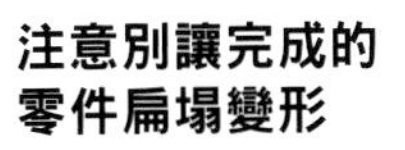

注意別讓完成的零件扁塌變形

最好以保鮮膜纏繞成環狀，做成簡易的基座。把玫瑰花的底部朝下放在環狀保鮮膜上面，就能產生穩定感，較不易毀損。

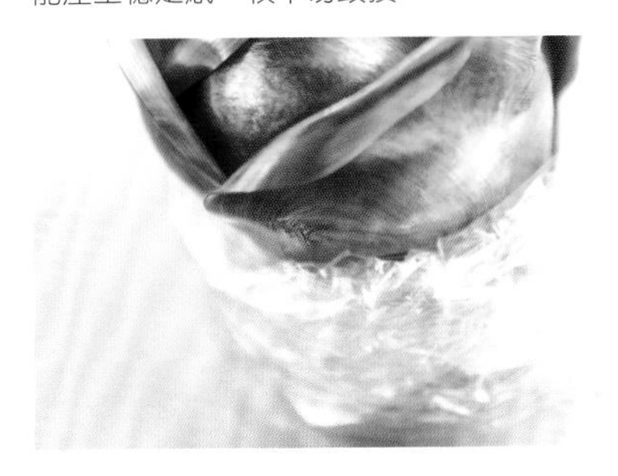

CHECK：光澤

充分地拉摺，拉出美麗的光澤

拉摺不足、沒有充分包覆空氣的糖團，如果直接延展變薄的話就會變得透明到可以看過去對側。充分拉摺過的糖團則不會變透明，而是閃現光澤。不過，拉摺過度的話，光澤就會消褪，這點需要注意。盡量讓溫度平均地下降，並抓住出現光澤的時機點。糖團一旦變薄，溫度就會急遽地下降，並且容易變硬，所以要迅速地進行作業。

充分拉摺後的糖團

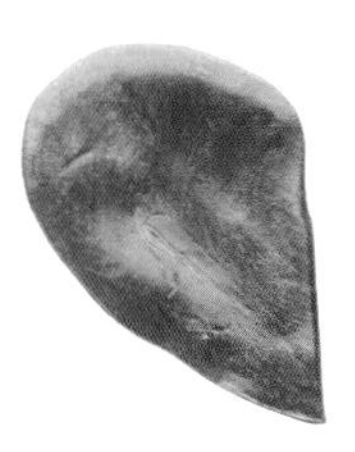

拉摺不足的糖團

製作零件 ②

〔製作玫瑰花以外的零件〕

製作使用於塑造輪廓和搭配的主要零件。以拉糖（Sucre Tiré）用的糖團製作白海芋的花瓣和綠色葉片、綠色緞帶（28頁），以吹糖（Sucre Soufflé）用的糖團製作綠色球體等。另外，還要以流糖（Sucre Coulé）用的糖漿製作富動感的半透明糖工藝。

POINT

❶ 充分拉摺吹糖用的綠色糖團，並將糖團事先處理至出現的光澤可以映照出自己的狀態。

❷ 流糖用的糖漿透明度高，倒在紙上凝固後，會變成像毛玻璃一樣半透明的狀態。

富動感的半透明糖工藝

綠色球體

綠色葉片

白海芋的花瓣

綠色球體

1 拉摺綠色的吹糖用糖團，拉出光澤。 A

2 為了做出將「綠色葉片」和「白海芋的花瓣」連結起來的色調，要再調配出這兩個零件的中間色——淺綠色。將白色的吹糖用糖團重疊在步驟①中拉出光澤的綠色糖團上面，切下來，摺成2折之後重複數次拉長的作業。藉由這個作業，一邊使色調均勻，一邊拉出光澤，厚度也讓它平均一點。 B~C

3 拉出光澤，且厚度也變得均一之後，就可以迅速地把糖團戳出凹洞，再緊貼包覆住幫浦的管子前端。這是為了避免空氣外漏，因此不能有空隙。 D

► 先以瓦斯噴槍將幫浦的管子加熱，糖團就很容易緊貼在上面。

4 用手按緊糖團和幫浦管子緊貼在一起的部分，灌入空氣。這個時候，為了讓全體均勻地膨脹變成圓形，要一邊注意別讓管子脫落，一邊適度地轉動整個糖團，手部同時將按壓著的部分聚集成細長條。 E~F

5 變成適當的大小之後，一邊轉動幫浦的管子一邊拔下來。以剪刀剪掉底部細長的部分，調整形狀。 G~H

► 如果底部很硬的話，可先以瓦斯噴槍加熱，比較容易進行作業。

A

E

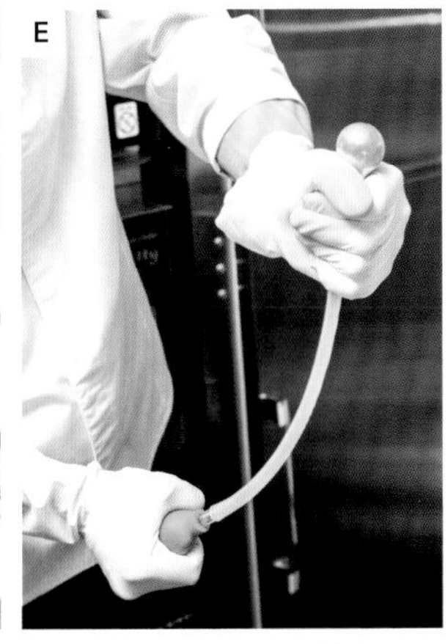

B

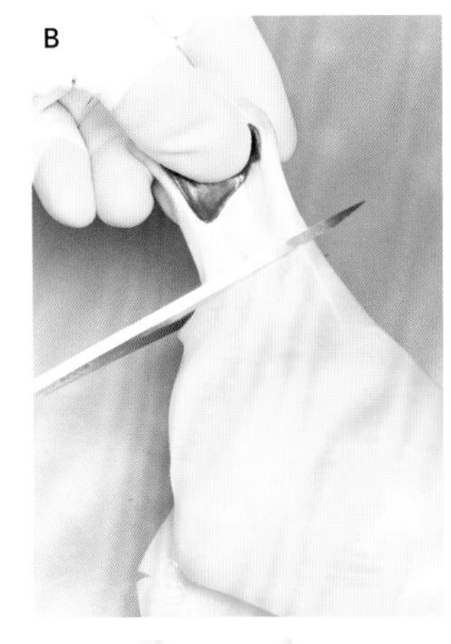

F

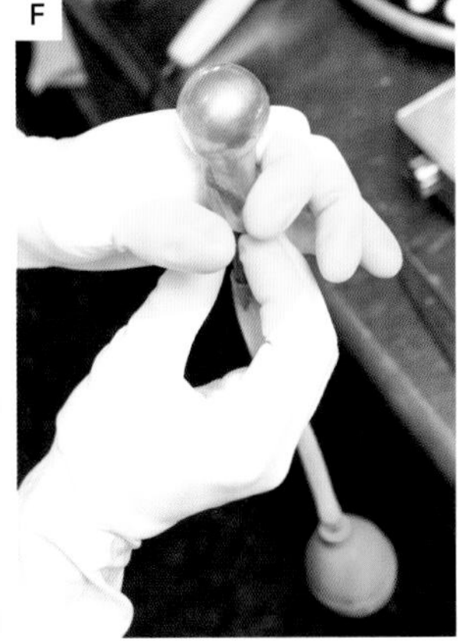

C

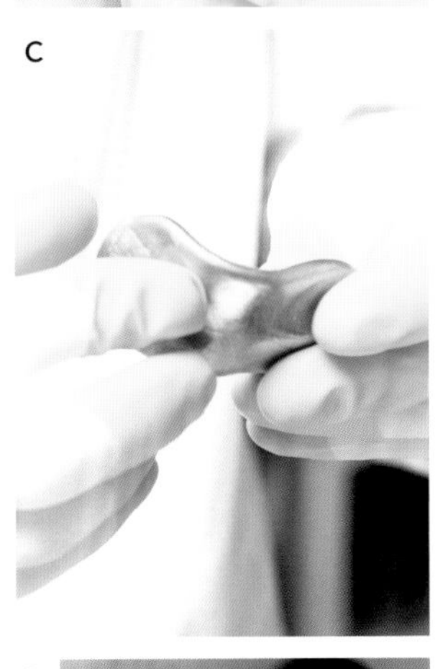

G

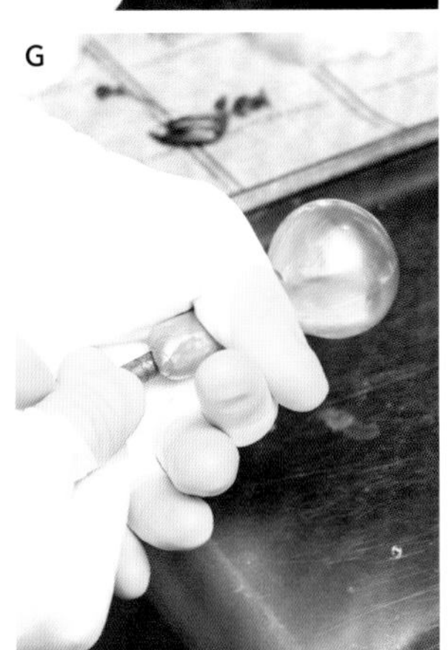

D

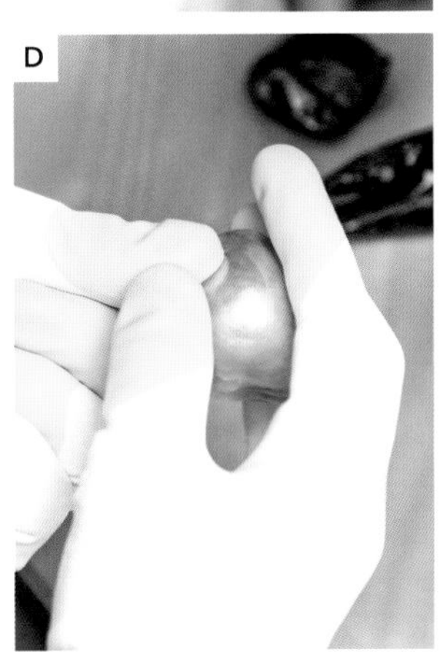

H

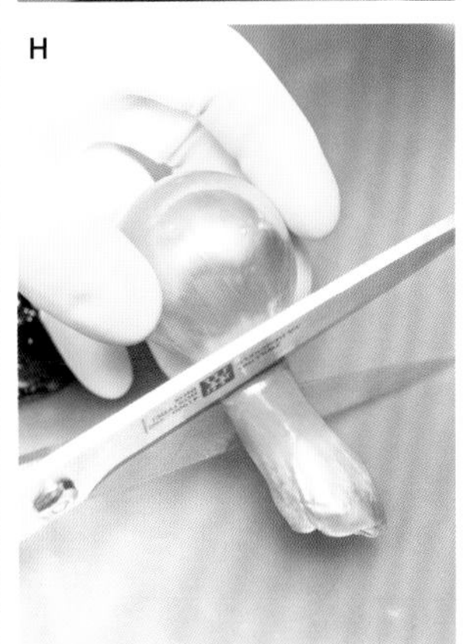

白海芋的花瓣

1 拉摺白金色的拉糖用糖團（以沒有染色的狀態熬煮，煮得有一點點焦之後拉摺而成的糖團），拉出光澤。

2 拉出光澤之後聚攏成團，整平，用兩手的手指夾住一部分，以拉開的方式把糖團拉大，同時把它拉薄。 A

3 用手指捏住已經拉薄的部分，拉得長一點，再以剪刀斜斜剪下。 B

4 以剪刀剪下之後，尖細的部分當作花瓣的尖端，橫向捲起大大的一圈，一邊調整形狀一邊把底部聚集成細長條。 C~D

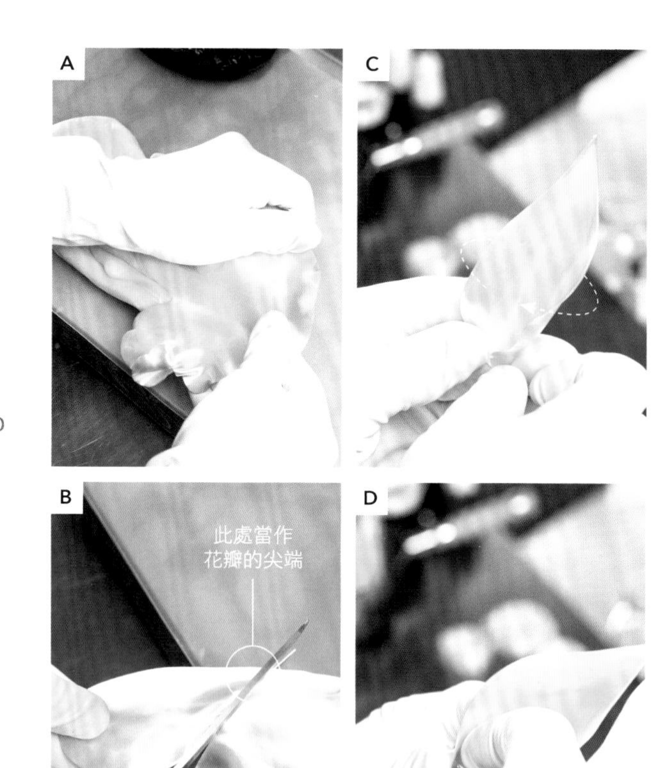

白海芋的花莖

1 拉摺綠色的吹糖用糖團，拉出光澤。

2 為了做出將「綠色葉片」和「白海芋的花瓣」連結起來的色調，要再調配出這兩個零件的中間色——淺綠色。將白色的吹糖用糖團重疊在①中拉出光澤的綠色糖團上面，切下來，摺成 2 折之後重複數次拉長的作業。藉由這個作業，一邊使色調均勻，一邊拉出光澤，厚度也讓它平均一點。

3 拉出光澤，且厚度也變得均一之後，就可以迅速地把糖團戳出凹洞，再緊貼包覆住幫浦的管子前端。這是為了避免空氣外漏，因此不能有空隙。

4 用手按緊糖團和幫浦管子緊貼在一起的部分，再一點一點地灌入空氣，待空氣進入之後拉開糖團，把它拉長，並重複進行這項作業。 A~B
► 因為這次做的是花莖，所以往根的部分要做得粗一點，黏接花瓣的部分則要細一點。

5 變成適當的長度之後，以瓦斯噴槍的火焰烘烤想要切斷的部分，使之變軟，然後以剪刀剪下來。接著立刻將切口按壓在矽膠墊等上面，再以剪刀一邊擴大邊緣一邊調整形狀。 C~D
► 擴大邊緣之後，花瓣的底部就可以很容易插入空洞的部分。

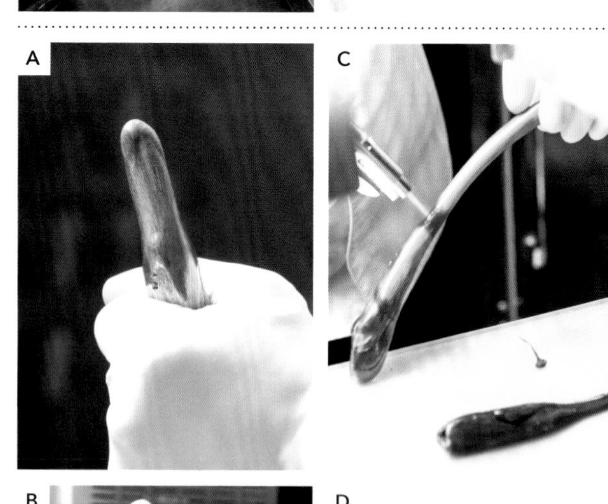

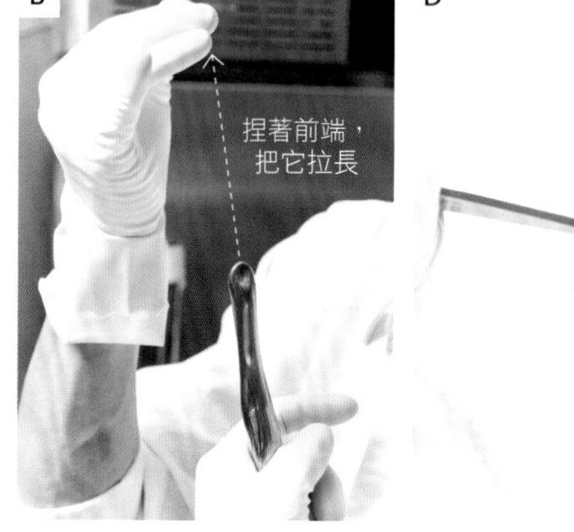

D

富動感的半透明糖工藝

1 將烘焙紙鋪在板子上面，以橡皮刮刀等舀取適量的無染色流糖用糖漿，使它在烘焙紙上流淌成想要的大小、形狀，並保持在室溫底下冷卻凝固。　A~B

綠色葉片

1 拉摺綠色的拉糖用糖團，拉出光澤。

2 拉出光澤之後聚攏成團，整平，用兩手的手指夾住一部分，以拉開的方式把糖團拉大，同時把它拉薄。　A

3 用手指捏住已經拉薄的部分，一邊維持寬度一邊以剪刀斜斜剪下。　B

4 將③夾在矽膠製的葉子模型中，壓出弧度和葉脈的紋路。脫模後，將葉尖的部分稍微往外彎曲。　C~F

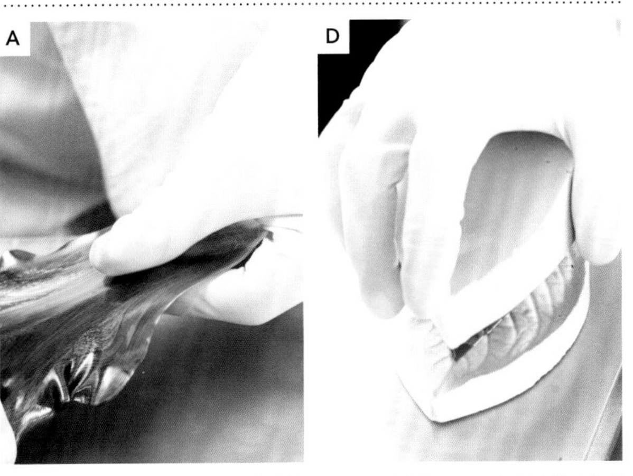

A　D

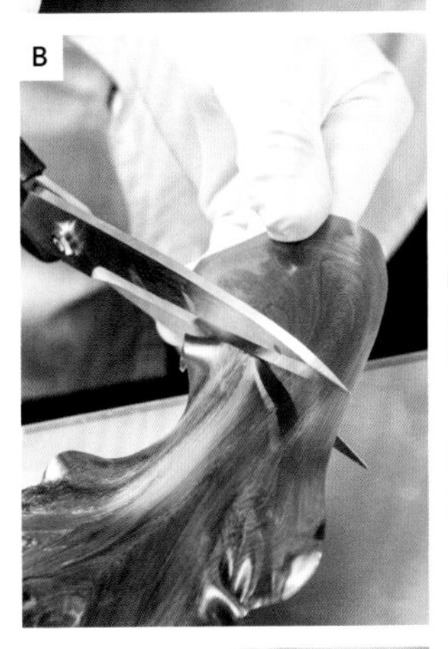

B

E

讓葉脈漂亮呈現的自製壓模

成形葉片時，使用自己親手製作的矽膠製壓模。緊緊地按壓，表現出弧度和葉脈。

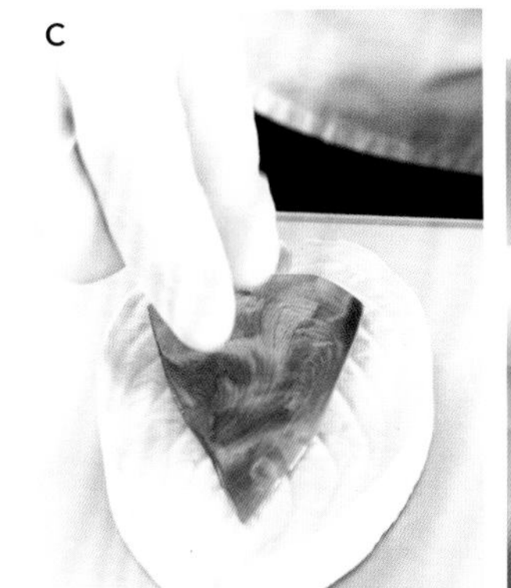

C

F

綠色緞帶（塑造輪廓用）

1 拉摺綠色的拉糖用糖團，拉出光澤。

2 製作有弧度的緞帶，和另一種環狀的緞帶。將①的糖團揉捏成棒狀，稍微拉開並拉長。將兩端合在一起，彎曲成一半，以剪刀剪開連接的部分，就能做出2根相同尺寸的糖棒。

3 將2根糖棒的長邊緊密貼合起來，然後把兩端（短邊）拉開。　A

► 將2根糖棒放在保溫燈的燈台上，一邊使厚度平均，一邊用手按壓使之緊密貼合，就能黏合得很牢固。

4 將兩端合在一起，彎曲成一半，以剪刀剪開連接的部分。再次將完成的2根糖棒的長邊緊密貼合起來，然後把兩端（短邊）拉開。將這項作業再進行1次（變成8層）。將兩端合在一起，彎曲成一半，以剪刀剪開連接的部分。　B

5 再次將長邊緊密貼合起來（變成16層），把兩端（短邊）拉開，拉長成適當的薄度、長度。以剪刀剪下兩端多餘的糖塊。　C~E

► 糖片拉得愈薄就愈硬，會變得容易損壞，所以要迅速地進行作業。

6 放在保溫燈底下加熱使之變軟，然後適度地彎曲，彎出弧度。利用圓形圈模輔助就很容易可以彎出弧度。如果想讓末端變尖，就一邊以保溫燈加熱部分的糖片，一邊捏住末端後拉開即可脫模。如果要做成環狀，則是彎出弧度之後，將兩端黏接起來。　F

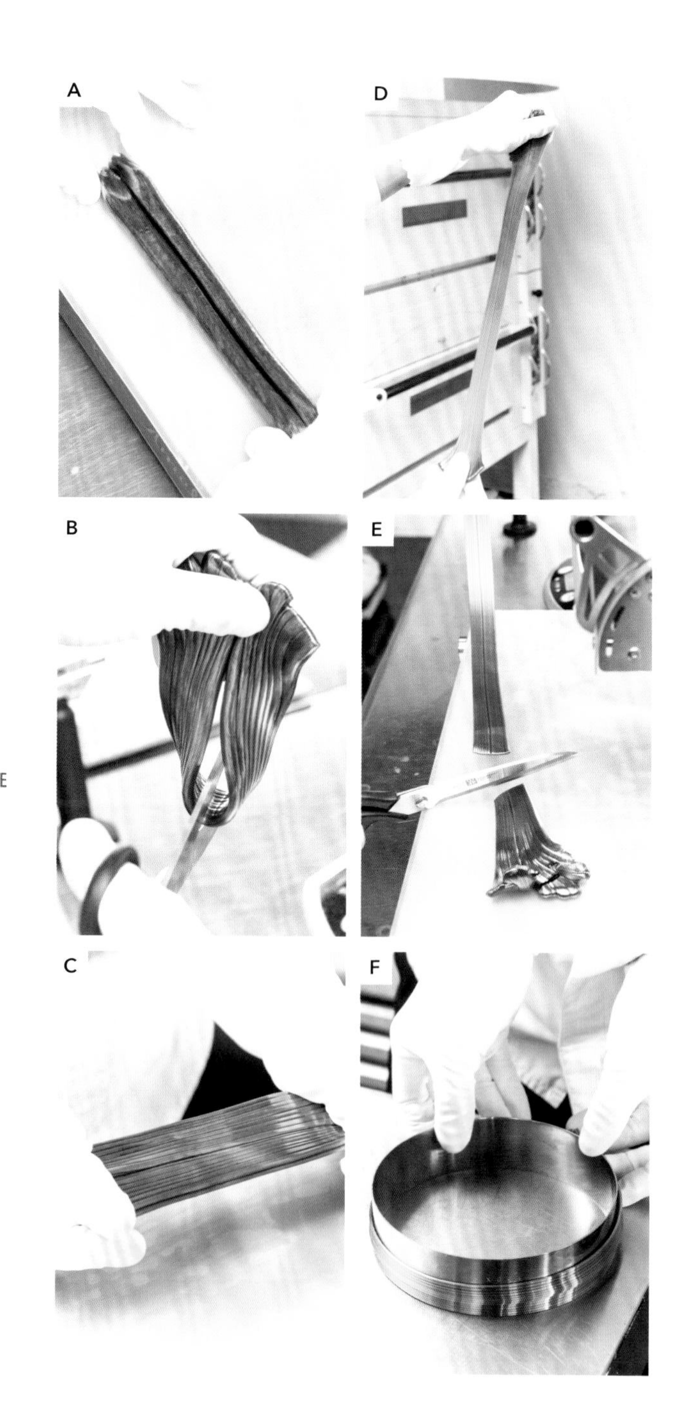

塑造輪廓・搭配・完成

把整體線條的構成要素綠色緞帶，與作為主角的玫瑰花一同安裝在基座上，塑造出輪廓。一邊觀察整體的平衡，一邊搭配其他的配件。最後裝上展現輕盈感的細小配件。

POINT

❶ 基座和綠色緞帶的線條，以像是要畫一道平滑曲線的感覺塑造輪廓。

❷ 以一圈圈細線狀的透明糖工藝展現輕盈感。

1. 因為是中心占比較重的作品，所以一開始先將主角、具有強烈存在感的紅玫瑰花（大・中）安裝在基座上。在基座的末端塗上黏接用的固狀糖團，再以瓦斯噴槍的火焰烘烤，稍微融化、黏接住玫瑰花之後以吹塵器吹風，使黏接的部分凝固。 A~C

2. 以沿著基座弧度向上延伸的感覺，使用與①同樣的作法，將彎出弧度的綠色緞帶以黏接用的固狀糖團黏接起來。而環狀的綠色緞帶，則以沿著基座弧度的感覺，使用與①同樣的作法黏接起來，塑造輪廓。 D~E

3. 組裝白海芋的花瓣和花莖。將塑成細長條狀的花莖末端以瓦斯噴槍的火焰烘烤，再將花瓣的底部插入花莖的空洞部分，黏接起來。也可以根據搭配的位置，先將花莖安裝在基座上之後，再將花瓣黏接在花莖上。 F

4. 將玫瑰花（小）、葉片、組裝好的白海芋花瓣和花莖、綠色球體、富動感的半透明糖工藝黏接起來。在要黏接的部分塗上黏接用的固狀糖團，再以瓦斯噴槍的火焰烘烤，黏接在基座等處之後以吹塵器吹風，使黏接的部分凝固。也可以根據搭配的位置，不使用黏接用的固狀糖團，而是直接以瓦斯噴槍的火焰烘烤要黏接的部分，燒融之後再黏接。 G~I

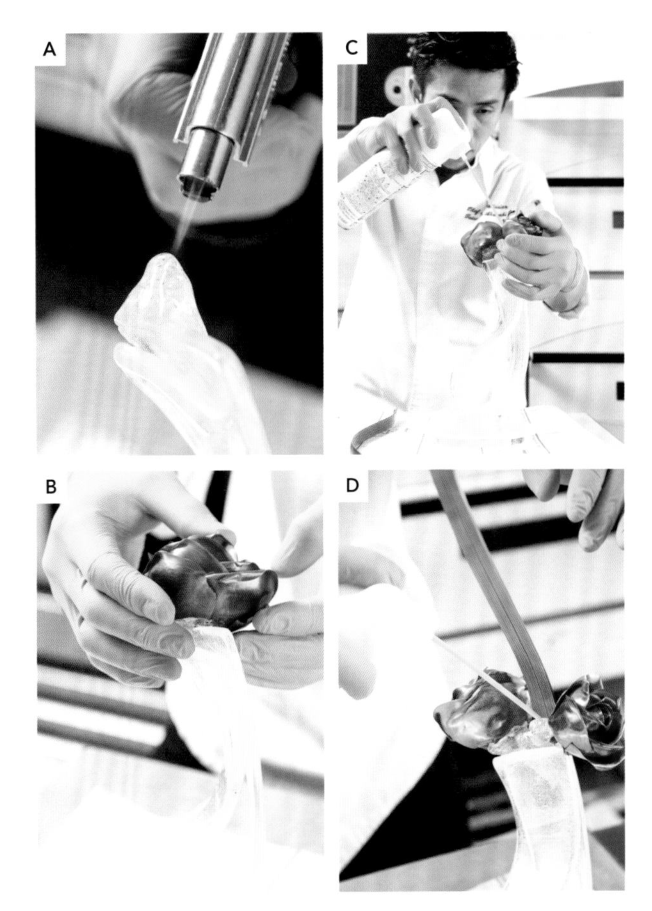

5 製作待會要插入白海芋的花瓣之中、模仿雄蕊的糖工藝。將之前使用於基座的無染色流糖用糖漿倒在矽膠墊上面，變成可以用手揉圓的硬度之後，取少量搓滾，一邊將單邊的末端搓細一邊搓揉成棒狀。

6 在⑤搓細的糖棒末端塗上黏接用的液狀糖漿，黏接在白海芋的花裡面，然後以吹塵器吹風，使黏接的部分凝固。 J

► 為了觀察全體的平衡以改變角度，在接近完成的階段才裝上雄蕊。

7 製作透明的線狀糖工藝。將之前使用於基座的無染色流糖用糖漿倒在矽膠墊上面。變成可以用手揉圓的硬度之後，取少量搓滾，在保溫燈底下把兩端拉開，將單側的末端搓細並拉成線狀後，立刻將糖線彎曲，彎出弧度。 K~L

8 在⑦較粗側的末端塗上黏接用的液狀糖漿，一邊觀察全體的平衡一邊黏接在基座上，然後以吹塵器吹風，使黏接的部分凝固。

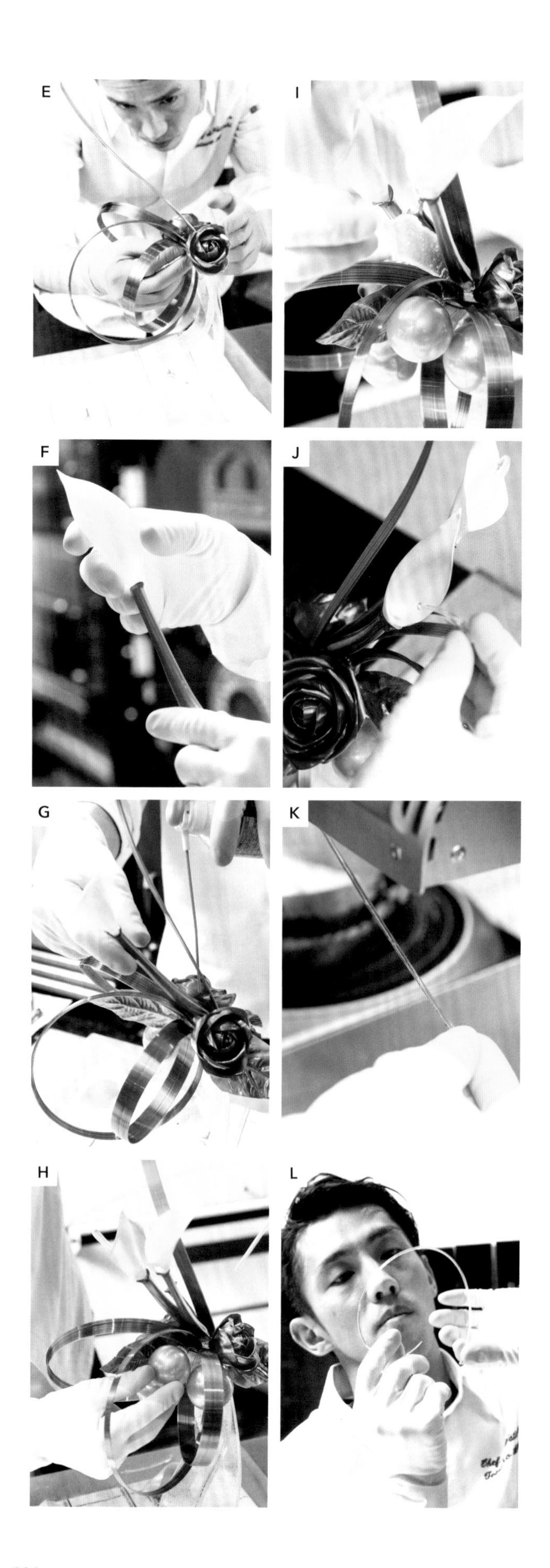

拉糖藝術

中級篇

基礎技術的應用&
用手塑形的細小零件

Intermediate

將球體變形，
或是以杏仁膏工藝的手法製作，
藉由比初級篇更進階的手工作業，
處處展現「令人著迷」的技術。
利用深紅色、藍色，和翠綠色等
鮮明的色調，呈現出夏日的意象。

藉由手工作業表現造形美，
也須意識到光線的反射和透明感。

在初級篇中，已經介紹了如何製作像玫瑰花和球體等，可以說是「基礎中的基礎」的主題。也針對如何兼顧作品「令人著迷」的構圖，和色彩的搭配方法、光澤的呈現方式等予以說明。接下來在中級篇，我們將更進一步說明，如何一邊利用手工作業創造曲線，產生所謂的造形美，進而創造出作品。

作為主角的女性糖工藝，一概不使用模具，全採徒手製作。裙子是將球體的吹糖（Sucre Soufflé）予以變形，外套則是以薄片狀的拉糖（Sucre Tiré）用糖團製作。臉孔、手臂、腳、頭髮等則使用流糖（Sucre Coulé）用的糖團，依照杏仁膏工藝的要領完成，髮飾和襯衫則是使用和基本技術的花瓣相同的要領，增添動感和華麗感。

初級篇基本上是將已完成的零件堆疊上去，而中級篇採用的是一邊製作零件一邊組裝起來的手法。中途可以改變設計，或是調整形狀或色彩，自由度很高，使創意能充分展現。這個作品的主軸是由上到下的一直線，卻妝點上了活用手工作業才有的弧度所做成的零件，呈現柔和的動感印象。

此外，光線的反射和透明感的表現也是重點所在。譬如，以吹糖手法製作的第二主角櫻桃，是在帶有透明感的無染色拉糖用糖團外，疊上一層高濃度的紅色流糖用糖團，做出具有深度的質感。將星星圖案的小型流糖毫無空隙地黏貼在基座的球體上，反射出閃亮的光芒。櫻桃和女性之間夾著一顆花了同樣心血製作而成的小型球體，清楚分明地凸顯出櫻桃的輪廓，而且盡可能地將光線投射到櫻桃上。

如同玻璃工藝那樣，多半使用模具製作而成的拉糖藝術當然也很美麗，但我更喜歡手工作業創造出的，這種富動感的造形美。相對的，那需要高超的技術和仔細的態度，因此也必須熟知糖的特性，而手工作業才做得出的造形美正是糖工藝的樂趣所在。希望大家也喜歡這種糖工藝獨有的造形美。

ises

PROCESS ｜ 流程

1. 構想	決定主題，構思色調和設計。
2. 設計圖	畫出設計圖，將創意具體化。
3. 熬煮糖漿	分別熬煮用來製作流糖（Sucre Coulé）、拉糖（Sucre Tiré）、吹糖（Sucre Soufflé）的糖漿。視需要將糖漿染色，一部分的糖漿則用來作為黏接劑*。
4. 製作基座	以流糖製作基座的零件，組裝之後做成基座。
5. 製作零件・塑造輪廓・組裝	使用拉糖和吹糖的手法製作零件，一邊留意作品整體的輪廓，一邊黏接到基座上組裝起來。
6. 搭配・完成	製作用來搭配的細小零件，然後黏接，即可完成。

*黏接用的糖漿／需準備2種無染色的流糖，一種是將糖漿倒在保溫燈底下做成柔軟固狀物；另一種則是用鍋子熬煮後直接使用的液狀物。基本上，固狀的糖團用於黏接較大的零件，液狀的糖漿則用於黏接小零件。

SKETCH ｜ 設計圖

這次將主角配置在最上面。軸心雖然是一條縱貫中心的垂直線，但還是要意識著手工作業獨有的弧度表現來塑造輪廓，予人柔和的印象。錯落有致地配置紅、白、藍、綠各色，呈現一致感。

製作基座

使用不易染色、保有高透明度的珍珠糖，熬煮成無染色和淺綠色的流糖（Sucre Coulé）用糖漿，以此製作基座。在綠色薄圓盤狀的糖工藝上，疊加一個光線折射後會閃閃發亮的球體。

POINT

❶ 使用桌墊和圓形圈模製作圓盤狀零件的話，就能做出具有透明感，質感光滑的成品。
❷ 將刻劃了星形紋路的小型糖工藝，毫無空隙地貼滿球體，增添華麗感。

1 熬煮無染色和淺綠色的流糖用糖漿。淺綠色糖漿是在糖漿沸騰後，先加入黃色色素，再混入藍色調整成淺綠色。

2 將直徑 15cm 和 12cm 的圓形圈模放在桌墊上面，沿著內側側面圍繞烘焙紙。接著，將配合圓形圈模內徑裁切而成的桌墊，沿著烘焙紙圍繞在它上面。

3 將 ① 染成淺綠色的糖漿慢慢地倒入 ② 的圓形圈模裡面。倒入的糖漿厚度，直徑 15cm 的圓形圈模約 1cm，直徑 12cm 的圓形圈模約 2cm。如果有很顯眼的氣泡，就以瓦斯噴槍的火焰烘烤，消除氣泡，並置於室溫中冷卻凝固。 A
► 如果將糖漿直接倒入圓形圈模裡，必須在圓形圈模的內側側面塗油，但接觸到油的部分，透明度就會降低一些。使用桌墊的話，不用塗油就可以倒入糖漿，所以可以保持高透明度。

4 準備一個上面開了小洞，直徑 6cm 和 2.5cm 的矽膠製球狀模具（右頁欄外的左邊照片），分別從小洞慢慢倒入無染色的 ①，置於室溫中冷卻凝固。

5 將無染色的 ① 倒入圓錐形紙袋中，擠在使用桌墊製成的小小星形模具（以雕刻刀在桌墊的表面刻出小小的星形）裡面，置於室溫中冷卻凝固。 B

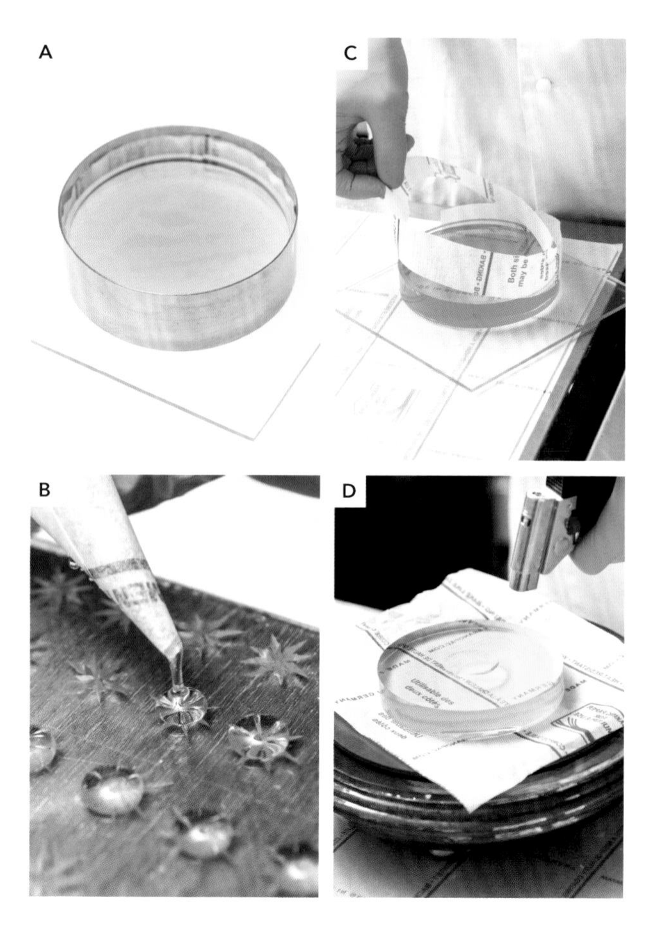

6 待③凝固之後卸下圓形圈模，再剝下桌墊和烘焙紙，完成2個圓盤狀的糖工藝。將其中直徑12cm×厚約2cm的糖工藝，放在鋪有烘焙紙的自製作業台（旋轉台／參照14頁）上面，中央放上少量黏接用液狀糖漿，以瓦斯噴槍的火焰烘烤。 C~D

7 將直徑15cm×厚約1cm的糖工藝疊在⑥的上面，用手指按壓牢牢地黏住。 E

8 卸下④的矽膠製模具，就完成2個球狀的糖工藝。因為這兩個球體都像照片所示，表面浮著細小的氣泡，所以全體要以瓦斯噴槍的火焰烘烤，消除氣泡，讓它變成光滑的狀態。 F

9 將⑤從桌墊取下，有星形紋路的部分朝下，緊貼著⑧的表面，從上方以瓦斯噴槍的火焰烘烤，黏住，重複這個步驟，直到⑤覆蓋整個球狀糖工藝的表面，並分別對2個球狀糖工藝都進行這項作業。因為較小的球體要在組裝櫻桃和基座時使用，所以在那之前先保管起來。 G

► 將星形紋路朝下黏貼上去的話，比較容易反射出漂亮的光芒。

10 以瓦斯噴槍的火焰烘烤⑦的中央，讓它稍微融化，然後放上少量的黏接用液狀糖漿。 H

11 以瓦斯噴槍的火焰烘烤⑨的球底部分，讓它稍微融化，然後放在⑩的黏接部分，黏住。以吹塵器（非吹出冷氣型）等對著黏接部分吹風，就會很輕易地變乾。 I~J

► 黏接之前要考慮角度和平衡。此外，如果使用吹出冷氣型的吹塵器，恐有損壞糖工藝的疑慮，請注意。

E

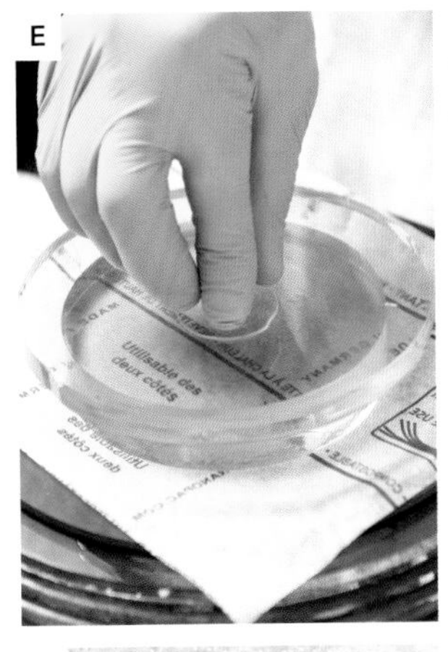

H

F

I

G

J

活用烘焙器具以外的道具展現特色

活用桌墊和裝飲料的製冰模具等。使用雕刻刀在桌墊上雕刻小星形等，有各式各樣的用途。

製作零件・塑造輪廓・組裝 ①

〔製作櫻桃〕

製作主要的零件。首先是以吹糖（Sucre Soufflé）的手法製作具有強烈存在感的櫻桃。準備純白的糖團和具有深度的紅色糖團，將這些糖團重疊黏合，再包覆空氣進去。將完成的櫻桃和基座黏接在一起，然後一邊觀察夾在櫻桃和女性之間的球狀糖工藝是否取得平衡，一邊進行組裝。

POINT

❶ 將 2 種糖團重疊在一起，表現透明感和深度。
❷ 為了提高作品整體的強度，軸線區域的部分要做得厚一點。

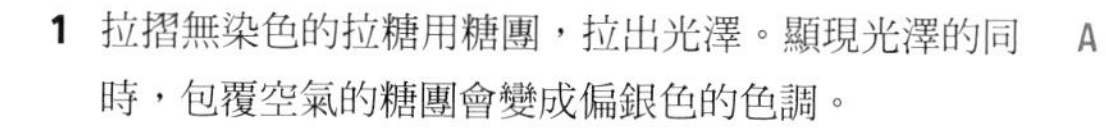

1 拉摺無染色的拉糖用糖團，拉出光澤。顯現光澤的同時，包覆空氣的糖團會變成偏銀色的色調。 A

2 取 ① 的一部分，揉圓之後壓平，一邊保持均一的厚度和帶有光澤的狀態，一邊迅速地做出凹洞。 B

3 將紅色的流糖用糖漿擴展成厚 5 ～ 7mm 左右的圓盤狀，蓋在 ② 的上面。 C

4 幫浦的管子前端保留一小截，其餘的部分則以無染色的拉糖用糖團包捲起來。 D

5 將 ③ 的紅色那面朝外，然後從 ④ 的管子前端一直緊密包覆到糖團包捲的部分。為了避免空氣外漏，因此不能有空隙。 E

6 用手按緊貼合的糖團和幫浦的管子，灌入空氣。灌到某個程度之後，為了讓前端變得比較尖，所以採用放在保溫燈台上直接用手按壓的方式，或是把桌墊放在糖團上面按壓等作法來調整形狀。接著繼續灌入空氣直到變成適當的大小為止，為了要弄得稍微扁平一點，使用與剛剛相同的作法來調整形狀。 F~H

► 將相當於軸線的部分做得稍厚一點，就能提高作品整體的強度。此外，相當於底部的部分，以紅色的流糖用糖團做得稍厚一點，能使紅色變深，表現顏色的

A

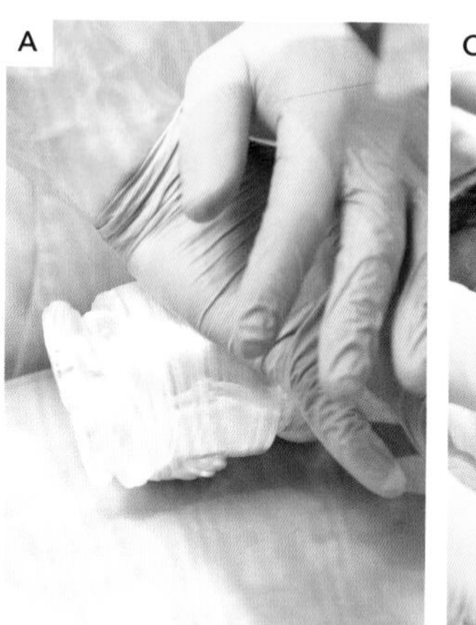

C

B

D

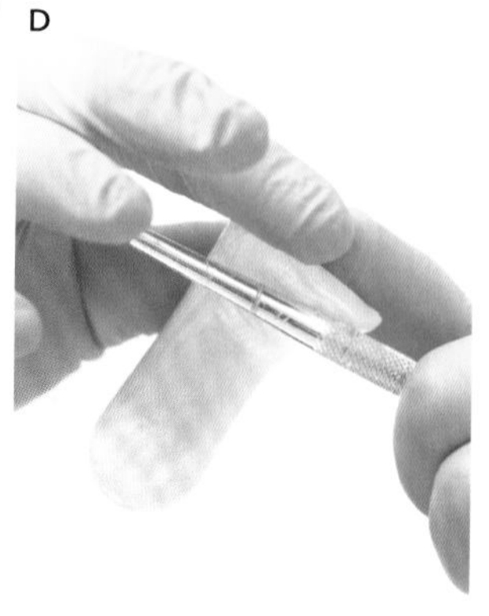

深淺。並不時地將糖團全體朝下灌入空氣，或是在調整形狀的時候把紅色的糖團推往前端方向等，設法塑造出形狀。

► 設法先冷卻從前端到中央的部分。如果插著幫浦管子的底部周邊先冷卻的話，會壓壞形狀。

7 將剪刀的刀背等架在稍微扁平一點的部分，按壓出紋路。 I

8 以瓦斯噴槍的火焰烘烤插著幫浦管子的部分，以剪刀剪下糖團，拔除管子。 J

9 以瓦斯噴槍的火焰烘烤方才插著管子的洞口周圍，然後用手指慢慢地塞進去，形成凹洞。將剪刀的刀背等架在凹陷的部分，按壓出數道紋路，再置於室溫中冷卻。在組裝之前，以瓦斯噴槍的火焰烘烤整個表面。 K~L

► 流糖在碰觸之後留下痕跡的話，就會很容易失去光澤，但是以瓦斯噴槍的火焰烘烤之後就會恢復光滑的漂亮質感，再次顯現光澤。

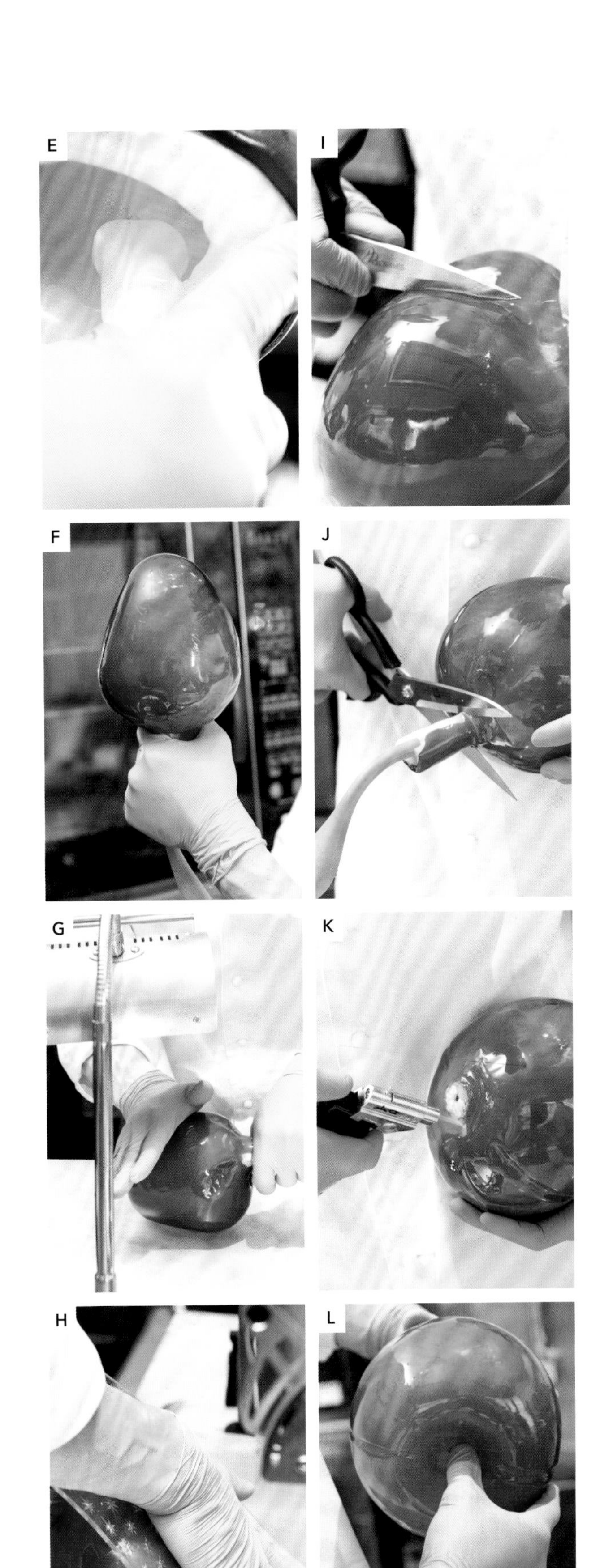

CHECK：強度

掌控重量和厚度之後就能提高強度

為了使作品不易塌陷損壞，基本上配置在上方的零件，重量要比較輕。此外，以零件個體來說，有時候也會採用改變作品整體中一部分的厚度等，考慮強度後的對策。此處的櫻桃也是考慮到強度的觀點，因而須在某部分改變厚度。黏接女性糖工藝和基座的軸線部分會做得比較厚（參照右下照片）。左下的照片是把櫻桃切開之後的樣子，左邊的切面是軸線上的部分，右邊的切面則是軸線以外的部分。

這個範圍的糖團要加厚

10 拿出在「製作基座」時，製作好先保管起來，貼上了星形糖工藝的較小球狀糖工藝。

11 將黏接用的固狀糖團放在基座的球體上面，以瓦斯噴槍的火焰烘烤。作為櫻桃底部的部分也以瓦斯噴槍的火焰烘烤，讓它稍微融化，然後放在球體上面，黏接起來。 M~N

12 將黏接用的固狀糖團放在櫻桃上面，以瓦斯噴槍的火焰烘烤。作為 ⑩ 底部的部分也以瓦斯噴槍的火焰烘烤，讓它稍微融化，然後放在櫻桃上面，黏接起來。 O~P

► 將基座直徑 6cm 的球體，以及放在櫻桃上面直徑 2.5cm 的球體，以像是連成一條直線的感覺組裝起來。如果軸心不是垂直的，容易失去平衡，造成傾斜倒塌或是崩毀的危機。

M

O

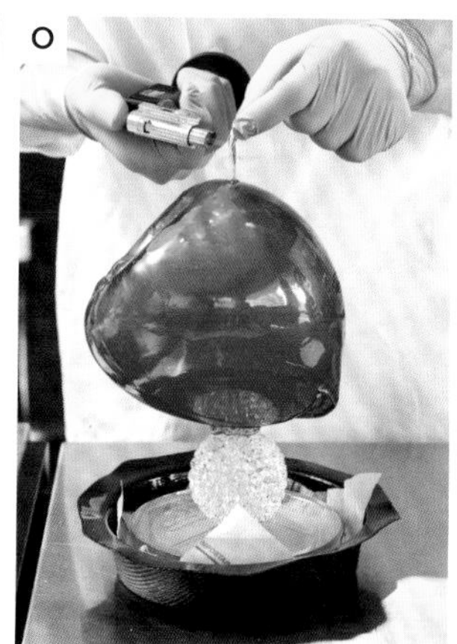

N

P

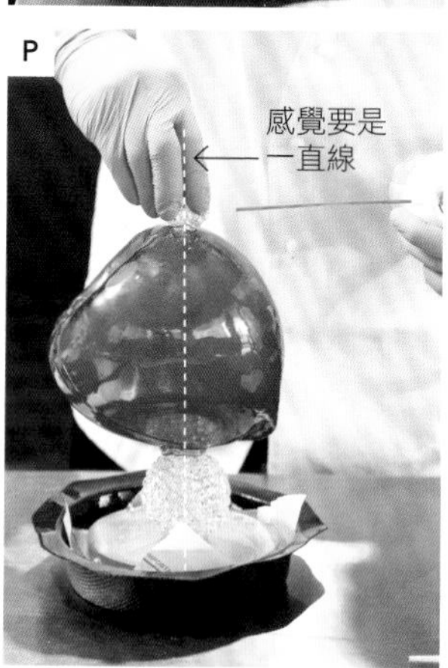

製作零件・塑造輪廓・組裝 ②

〔製作女性〕

製作作品的女主角。先製作小零件後再一個個組裝起來，並慢慢地塑造出輪廓。

POINT

❶ 維持重心是垂直地將零件往上堆砌，同時記得保持平衡。

❷ 加入製作得像杏仁膏工藝一般的零件，呈現只有手工作業才能創造出來的美感。

穿著裙子的下半身

1 拉摺無染色的拉糖用糖團，拉出光澤。揉圓之後壓平，一邊保持均一的厚度和帶有光澤的狀態，一邊迅速地做出凹洞。

2 將 ① 緊貼包覆住幫浦的管子前端。為了避免空氣外漏，因此不能有空隙。

3 灌入空氣，使糖團變成橢圓形。 A

4 以像是曲膝坐在椅子上的狀態來成形。將膨脹糖團的前端三分之一左右處稍微弄彎，一邊用手指將前端壓平一邊拉開，讓它稍微變尖。相當於腿部到臀部的部分，放在作業台邊緣等處，輕輕按壓，弄平。 B~C

5 為了讓它看起來像是蹺著腳的姿態，用手指在上面按壓出紋路。 D

6 以瓦斯噴槍的火焰烘烤插著幫浦管子的部分，以剪刀剪下糖團，拔除管子。

7 以瓦斯噴槍的火焰烘烤切口，再以剪刀剪開，然後用手掐下一部分，撕開成一個洞。 E

A

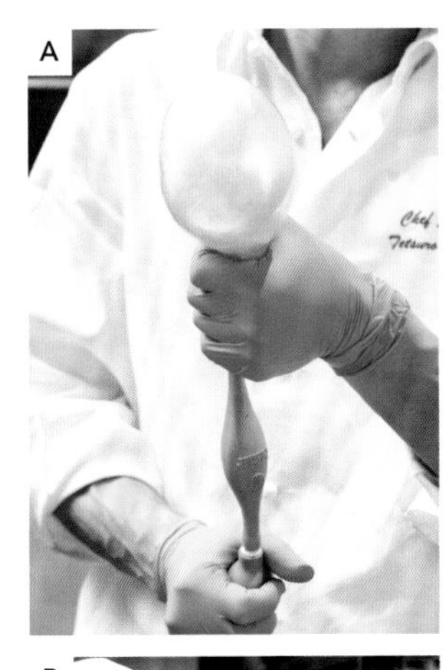

C

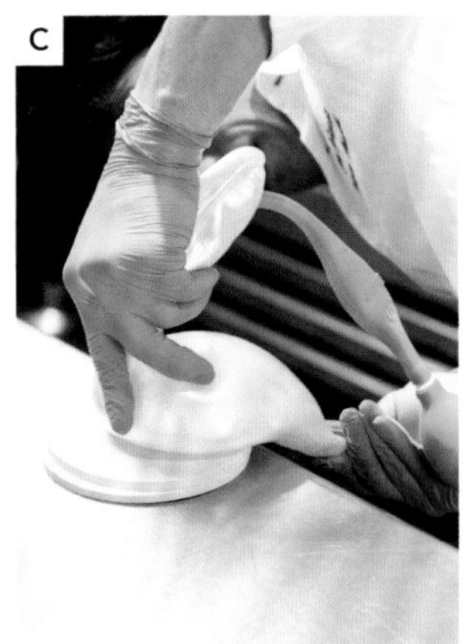

B

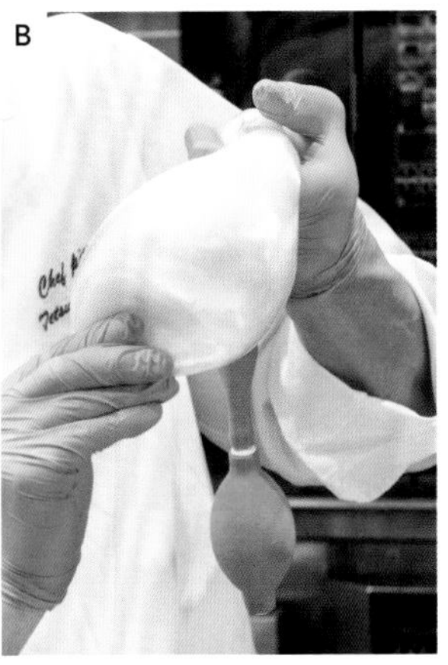

D

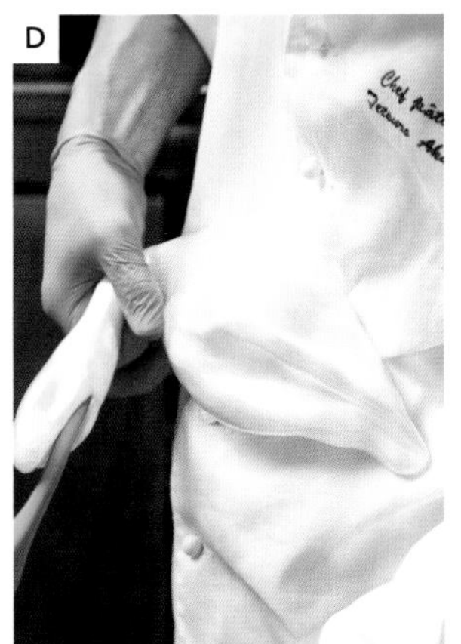

8 以瓦斯噴槍的火焰烘烤放在櫻桃上面的小球體，讓它稍微融化。作為裙子底部的部分放上黏接用的固狀糖團，以瓦斯噴槍的火焰烘烤之後，放在球體上面，黏接起來。將 ⑦ 撕開的孔洞朝上。 F

E

F

代替身體的支柱・脖子

1 製作代替身體的支柱。進行與「穿著裙子的下半身」① ～ ② 同樣的作業，一點一點地灌入空氣。待空氣灌入之後，重複用手拉長的作業，拉成較粗的吸管狀。決定長度之後以瓦斯噴槍的火焰烘烤，再以剪刀剪除多餘的糖塊。 A

2 製作脖子。切下一小塊膚色的流糖用糖團，其中一端搓細，另一端搓得較粗，把它當作脖子。在粗的那一側前端周圍，塗上黏接用的液狀糖漿，用力按壓在 ① 的前端上面，黏接起來。 B~C

3 在沒有安裝 ② 的脖子那一側末端，放上黏接用的固狀糖團，然後插入裙子上部的孔洞裡面，黏接起來。裙子的孔洞和要接合的部分，只要放上黏接用的糖團就會很穩固。 D

► 以裙子中央豎立在小球體上方的感覺，筆直地黏接起來。

A

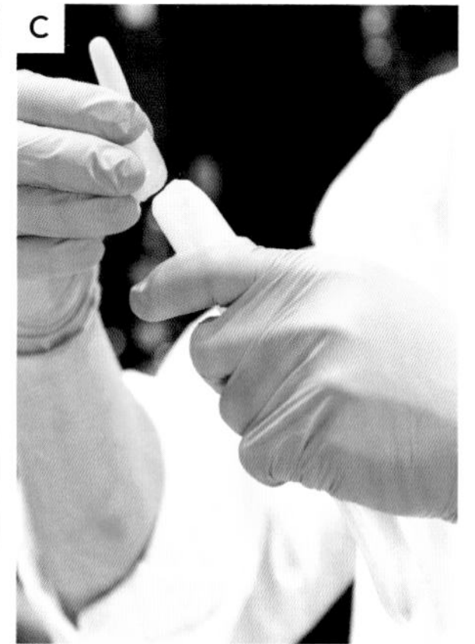
C

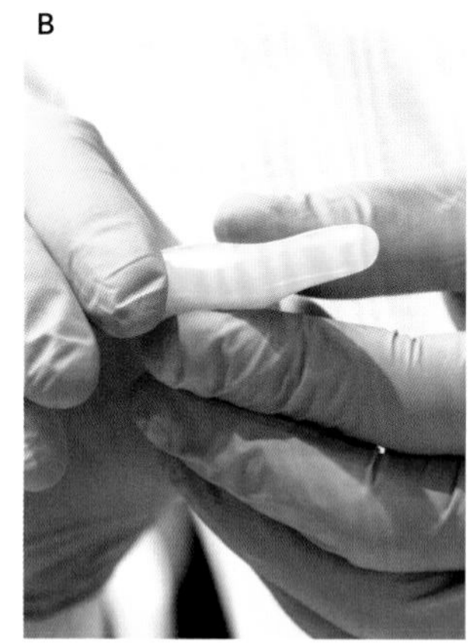
B

D

CHECK：平衡

一邊組裝一邊打造垂直的軸線

將基座的球體、櫻桃、小球體、女性的上半身，以縱貫呈一條垂直線的方式組裝起來。軸線歪曲的話重心就會傾斜，不僅使作品全體給人歪斜的印象，還會失去平衡，容易導致崩塌。

外套・領巾・襯衫

1 製作外套。將藍色的拉糖用糖團整平成稍微有點厚度的薄片狀，以剪刀剪出梯形。

2 將 ① 的短邊朝上，稍微露出脖子的部分，捲住吸管狀的身體。 A

3 將脖子周圍的藍色糖團往外側翻摺，做成衣領。可以讓外套顯得寬鬆，呈現皺褶，或是將相當於下擺的部分往外側彎曲，調整外套的形狀。 B~D

4 製作領巾。拉摺無染色的拉糖用糖團，拉出光澤，用兩手的手指夾住，以拉開的方式把糖團拉大，然後一邊拉出光澤一邊把它拉薄。用手指捏住已經拉薄的部分，稍微拉出短短的一截，以剪刀剪下來。調整形狀之後，以黏接用的液狀糖漿黏接在 ③ 的胸口。 E

5 製作襯衫。使用與 ④ 同樣的作法，一邊將無染色的拉糖用糖團拉出光澤，一邊將它拉薄，用手指捏住已經拉薄的部分，拉出比領巾稍長的一截。以剪刀斜斜地剪下來。以黏接用的液狀糖漿黏接在脖子和外套的衣領之間。 F~G

6 製作外套的皮帶。用兩手的手指夾住藍色的拉糖用糖團，以拉開的方式把糖團拉大，然後一邊拉出光澤一邊把它拉薄。用手指捏住已經拉薄的部分，拉長成帶狀，以剪刀剪下來，橫放在外套背後黏接起來。此外，像皮帶這類細小的零件，也可以如照片所示，先安裝手臂，觀察全體的平衡感之後再裝上去黏接起來。 H

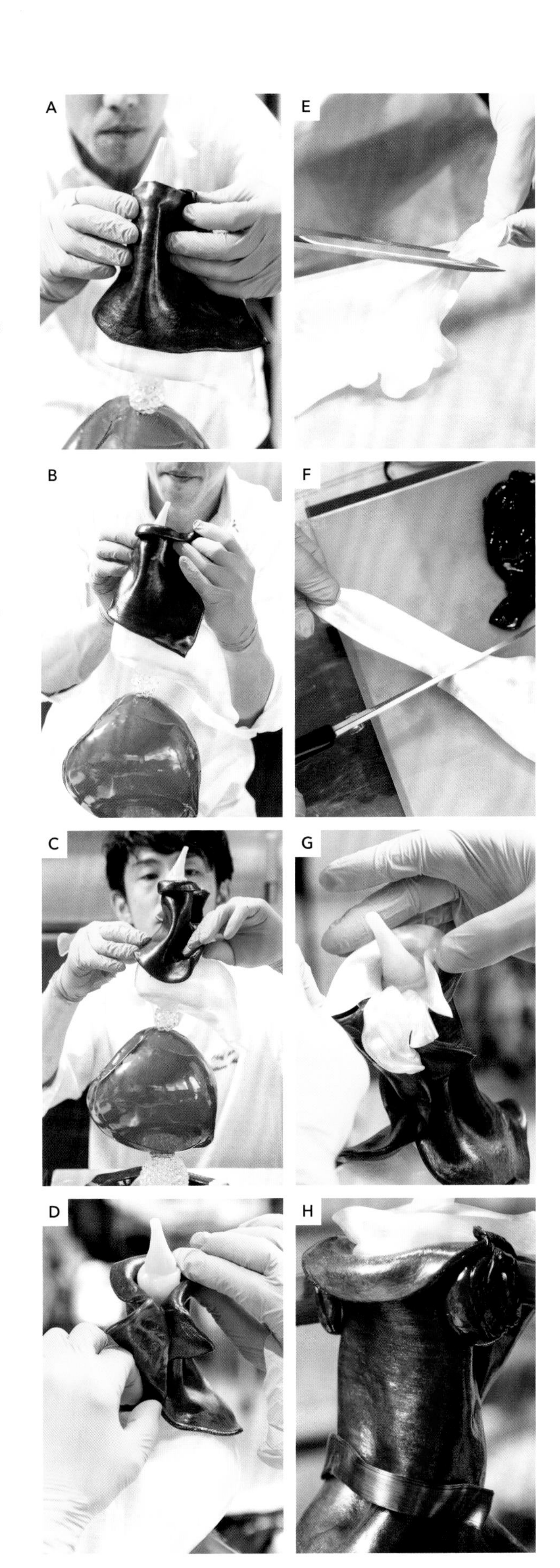

手臂

1 製作從肩膀到手肘的部分。使用藍色的拉糖用糖團，作法與「代替身體的支柱」相同，使糖團膨脹之後，拉長成吸管狀。用手指塞入前端，擴大範圍，然後將邊緣捏薄，當作飄動的袖口。 A

2 將藍色的拉糖用糖團揉圓之後，讓它稍微凹陷，然後覆蓋住 ① 做的袖口對側切口，黏接起來，以刮板等壓出紋路，當作皺褶。 B~C

3 以瓦斯噴槍的火焰烘烤相當於外套肩膀的部分，將 ② 黏接起來。 D

4 製作從手肘到手指的部分。切下一塊膚色的流糖用糖團，搓成棒狀。將其中一端稍微壓平，用剪刀剪開之後做成手指。適度地彎曲相當於手腕和手指的關節部分，展現活動感。 E~G

5 以瓦斯噴槍的火焰烘烤 ③ 的袖口中央，將 ④ 的手臂黏接起來。 H

A

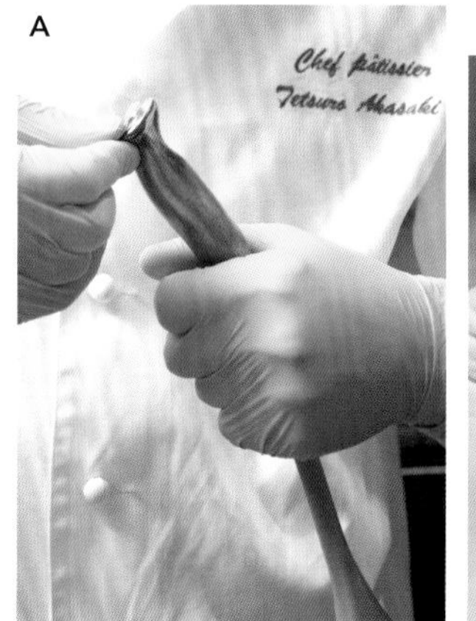

E

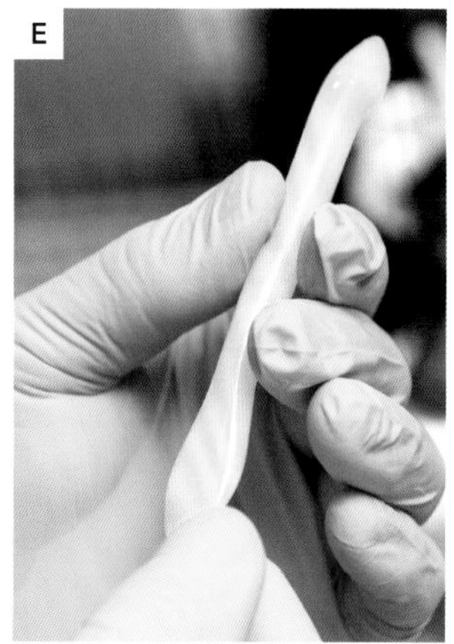

B

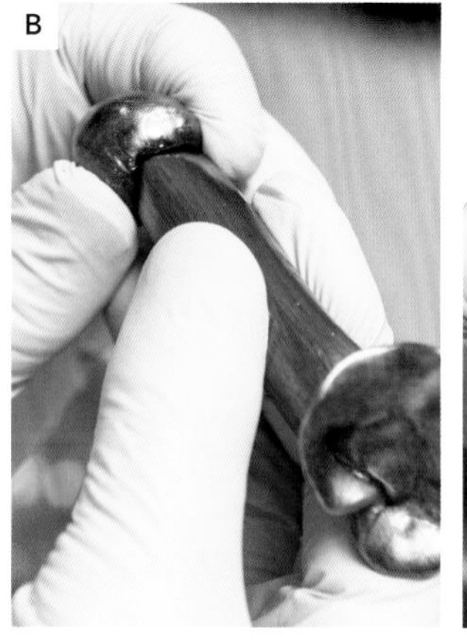

F

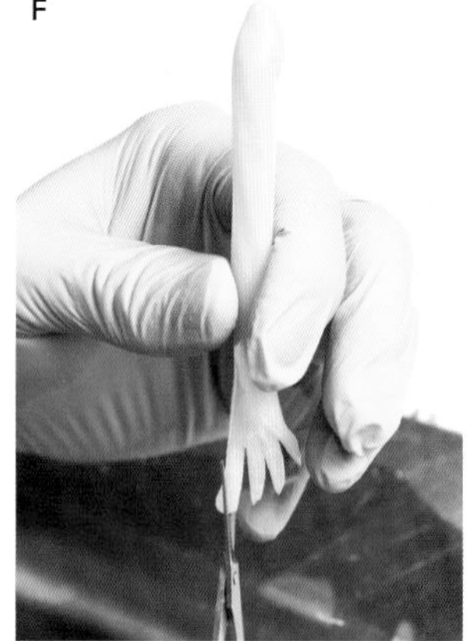

C

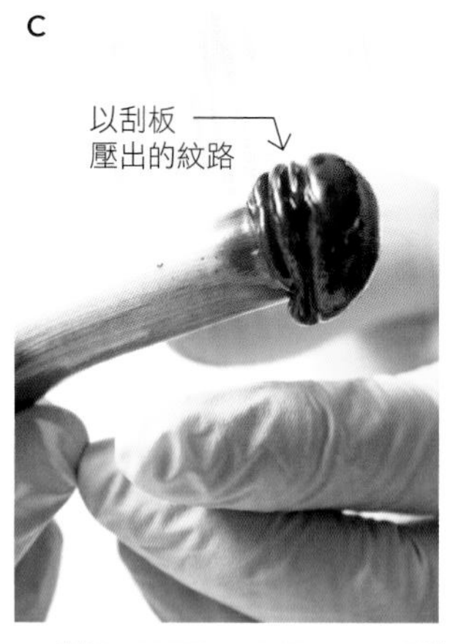

G

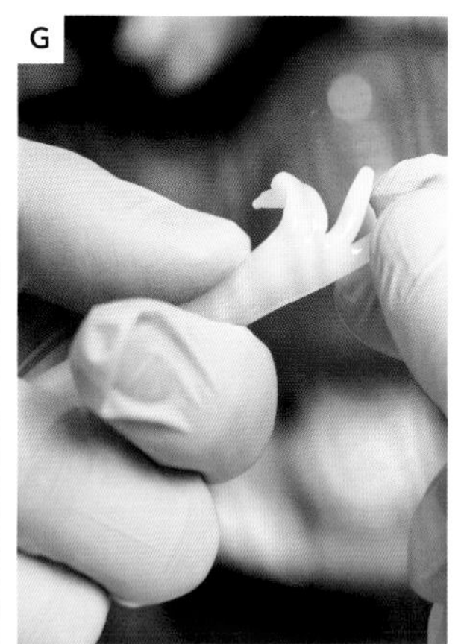

D

H

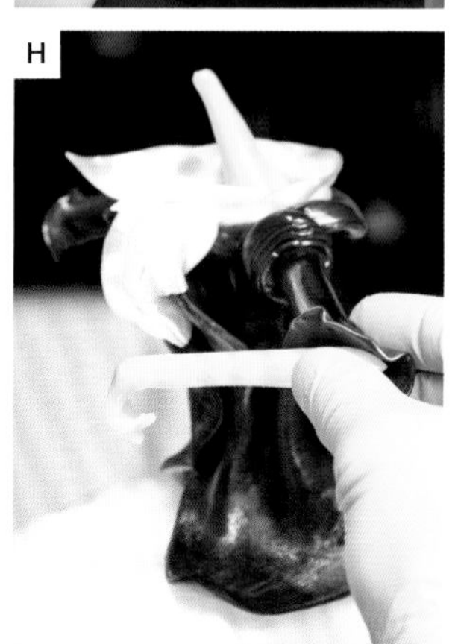

頭部

1 將膚色的流糖用糖團揉圓，使用杏仁膏塑形刀等工具成形，雕塑臉孔的基本形狀。以紅色的流糖用糖團製作嘴唇，黏接起來。 A~B

2 將紅色的流糖用糖團揉圓，壓平。覆蓋在①的上部後成形。使用杏仁膏塑形刀等工具，從額頭朝向後腦勺的方向壓入紋路，用手指捏著後腦勺的部分扭轉、集中在一起。在脖子的前端塗上黏接用的液狀糖漿，將頭部黏接起來。 C

3 將紅色的流糖用糖團揉成球狀，使用黏接用的液狀糖漿黏接在後腦勺上。 D

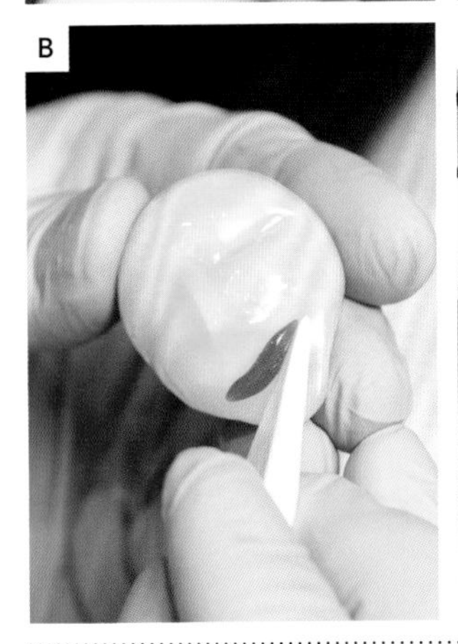

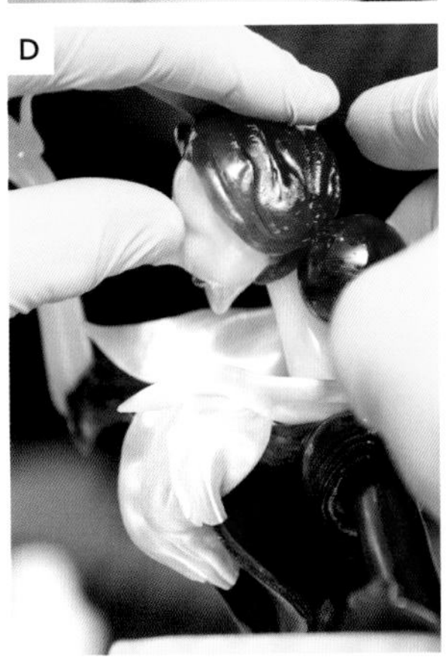

腳・高跟鞋

1 將膚色的流糖用糖團成形，做出從腳踝到腳尖的形狀。 A

2 將水藍色的流糖用糖團放在保溫燈底下加熱，讓它軟化。將①從腳底開始，把一部分的腳浸泡在這裡面，拿起來之後調整形狀。以瓦斯噴槍的火焰烘烤鞋後跟的部分，將該部分再次放入水藍色的糖漿中，然後拿起來，以像牽絲一樣的狀態凝固。 B~D

► 以水藍色的糖漿從鞋後跟咻地往下滴的感覺進行作業，靠近鞋後跟的部分會做得比較粗大，腳尖的部分則做得比較細。

3 以剪刀剪掉腳踝和鞋跟的長度，予以調整。以瓦斯噴槍的火焰烘烤腳踝，黏接在裙子的前端。

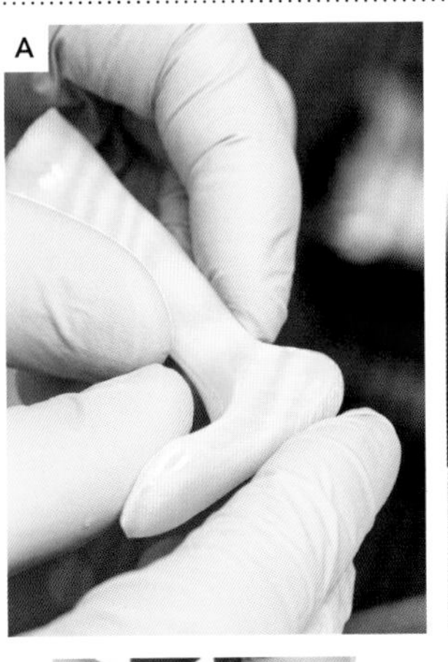

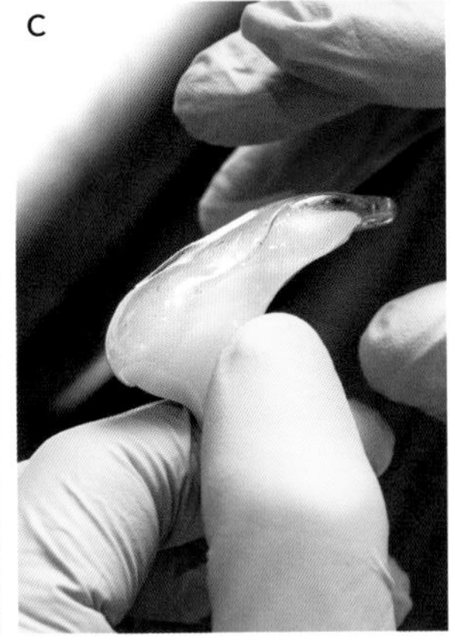

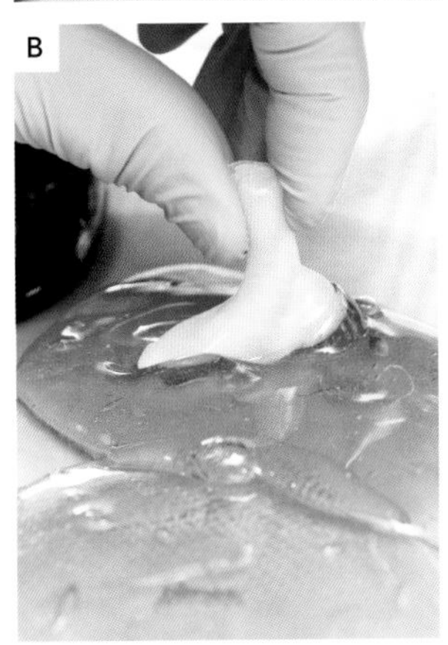

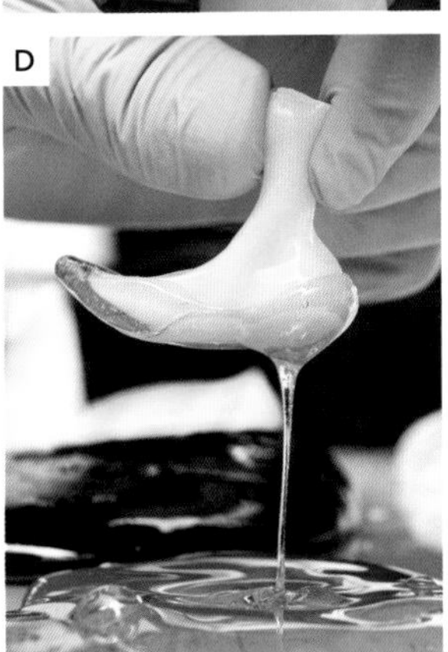

搭配・完成

除了安裝會影響輪廓的櫻桃梗之外，還製作了展現輕盈感和華麗感的小零件，再一起組裝起來。

POINT

❶ 有著因光線照射而閃閃發亮的星形紋路糖工藝成為視覺焦點。

❷ 在文字的背面塗抹銀色的色粉作為「襯底」，展現立體感和深度，同時也提高辨識度。

1 製作櫻桃梗。將綠色的拉糖用糖團揉圓之後壓平，一邊保持均一的厚度和帶有光澤的狀態，一邊迅速地做出凹洞。緊貼包覆住幫浦的管子前端。為了避免空氣外漏，因此不能有空隙。

2 一點一點地灌入空氣，待空氣灌入之後，重複用手拉長的作業，拉成較粗的吸管狀。長度確定之後以瓦斯噴槍的火焰烘烤，再以剪刀剪除多餘的糖塊。調整切口的形狀。 A

3 將綠色的拉糖用糖團配合櫻桃的凹洞大小剪成圓形，貼在凹洞上。 B~C

4 將 ② 放上黏接用的固狀糖團，切口朝上，黏接在 ③ 的中央。 D

► 在縱向垂直延伸的作品整體軸線上添加斜線，可以將空間感擴大，展現出更立體的輪廓。

5 製作髮飾。以瓦斯噴槍的火焰烘烤女性的單邊耳朵周圍，製作與貼在球體上面一樣的星形紋路糖工藝，紋路朝下，黏貼 3 個。拉摺無染色的拉糖用糖團，做成像小花瓣一樣的形狀，黏貼在星形紋路的糖工藝旁邊。將無染色的拉糖用糖團，拉長成細細的棒狀，再將星形紋路的糖工藝安裝在棒子前端，接著將棒子黏接在花瓣模樣的零件之間。 E~H

A

C

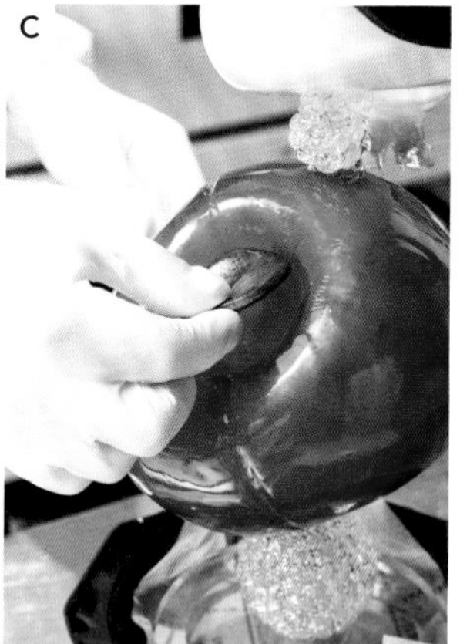

B

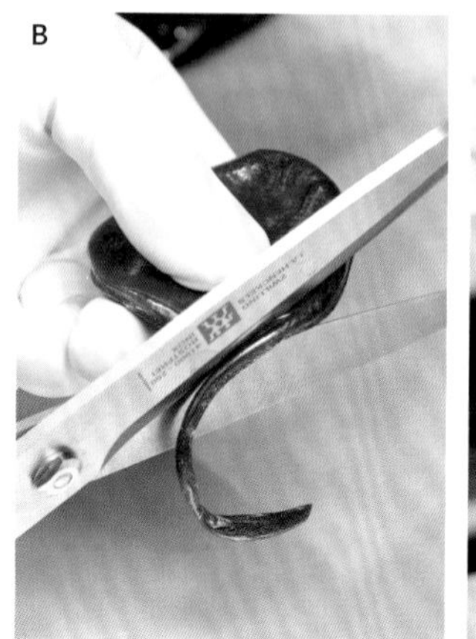

D

6 將星形紋路的糖工藝黏貼在外套和領巾上。

7 將紅色的流糖用糖團搓成細棒狀，形成像菸斗一樣的形狀。以瓦斯噴槍的火焰烘烤，夾在手指之間，黏接起來。 I

8 將無染色的流糖用糖漿裝入圓錐形紙袋裡面，在烘焙紙上書寫文字。這次寫上法文「Cerises」，意思是「櫻桃」。就這樣放著，待冷卻凝固之後翻面，以毛刷塗上銀色的色粉。 J~K

▶ 帶有動感的文字可以展現輕盈感。將銀色的色粉塗在背面，也可以提升辨識度。

9 以瓦斯噴槍的火焰烘烤櫻桃的側面，將⑧安裝上去。也再從上方以瓦斯噴槍的火焰烘烤，牢牢地固定住。 L

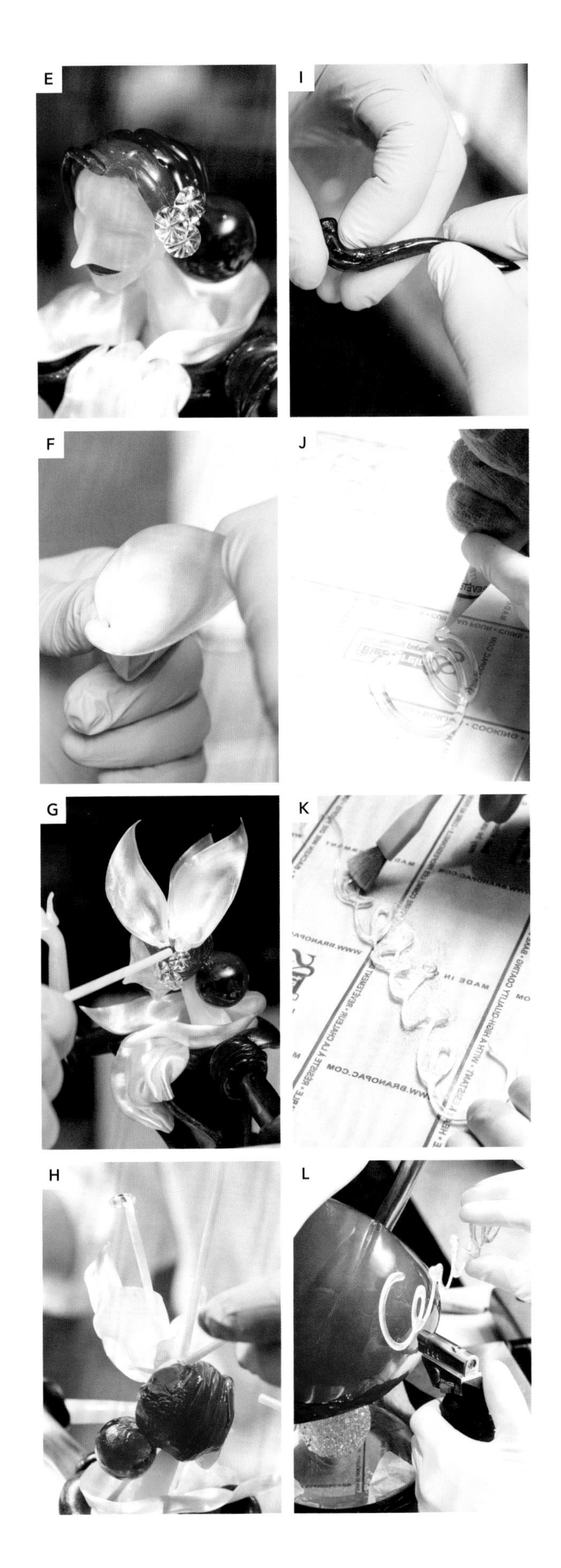

Column 01

甜點工藝・職人的思考

——赤崎哲朗

2007 年日本蛋糕博覽會「味道和技術的甜點工藝」組・首獎

©（一社）日本洋菓子協會聯合會

比任何作品都更有糖工藝的樣子、比任何藝術都能更直接地傳達、把任誰都能想像到的瞬間擷取下來，以此作為主題的作品、任誰都會駐足觀賞的作品，那到底是什麼……經過這樣的一連串思考後，好不容易得到的結論就是，流程應該要做得比任何作品都更簡單，而且更正中人心。換句話説，就是減少浪費的減法工藝。自從有了這樣的想法之後，我的方向就改變了。

這個作品的主角獵豹，是以塑糖製作骨骼，然後把以流糖手法製成的小型糖工藝，毫無空隙地貼滿骨骼。在構圖方面，我主要在意的部分是要能自然地表現獵豹的動作，因此必須徹底學習動物的骨骼。懂得骨骼構造，了解動作的邏輯之後，再將它應用在作品之中。畢竟有違自然法則的形狀，會讓人有一種格格不入的感覺。

此外，這個作品並不是將主體的工藝安裝在某個支柱上，而是主體的工藝本身即是塑造作品整體輪廓的支柱，同時這也是構圖的重點。剩下要做的，就只是把配件的零件貼近主體，並安裝上去而已。縱向延伸的綠色緞帶，以及一圈一圈的紅色緞帶，聯手展現出空間的擴展，而且讓綠緞帶與獵豹的動作（流動感）同步，藉此襯托主角。

獵豹的工藝，是重複了 3 次把小型糖工藝貼滿整體的作業製成。將糖工藝的局部做成 3 層的構造，是為了讓獵豹的膚色展現深度。較靠近塑糖內側的那層，會使用染成深色的糖漿，到了第 3 層則近乎透明，使用染成淺色的糖漿。此外，純白的塑糖充分發揮打底的作用，使糖工藝的發色變得很顯眼。

顏色方面，不只是單用黃色一個顏色製作完成的，而是想像著光線從某個方向照射過來，還使用了褐色、黑色，和深紅色等，藉此表現出陰影。也顧慮到因顏色的重疊、倒映、光線折射，造成觀賞方式的變化等方面。如今雖然已經變成常見的手法，但當時在做以許多費工的細長花瓣構成的花朵工藝時，也是先思考著：「有什麼表現是只有事前準備好帶進來後，才能做到的？」左思右想的結果，才好不容易研究出來這項技法。

別忘了，這些工藝是作為配置在前面的糕點後方的背景。味道和技術沒有不協調的感覺，在一個空間中構成一項作品，擁有這樣的意識也很重要。

2009 年樂莎度大獎 冠軍

©（一社）日本洋菓子協會聯合會

樂莎度大獎（LUXARDO GRAN PREMIO）是以 2 種小蛋糕和甜點工藝融合而成的作品，較量彼此技藝的競賽。時間限制為 4 小時。2009 年針對「給夏天」這個主題，而我的目標便是做出比任何作品都還要有夏季感、讓任何人都能感受到夏季的作品。

身為必須襯托糕點的工藝甜點，便要以糖工藝表現糕點的味道，並設法用外觀傳達出來。圓形的檸檬切片是流糖工藝，使用「遮蔽（masking）」的技法後，利用時間差倒入流糖成形。櫻桃則是吹糖工藝，藉由在下面搭配綠色板狀糖工藝，可以適度地平衡櫻桃的發色，並呈現出光憑單色會很難表現出的「顏色的深度」。

甜點工藝的作品皆是以自然界作為範本。如果要將自然界的事物落實在作品之中，就絕對不可以打亂原本的平衡感。在這個作品中，也是把小小的世界直接擴大，成為工藝的構圖。

雖然剛剛已經説過了，但是對於工藝甜點來説，其本身即具有襯托糕點的作用。看到工藝甜點的人可以本能地理解作品，在腦海中想像著糕點的味道。雖然糕點最後就會被吃下肚了，但一開始工藝甜點所形成的印象，就成為了可以吸引享用者的一項優勢。不過，在這個競賽中，不光只是工藝甜點，還須按照規定，準備味道和外觀都很出色的糕點，才稱得上是一個完整的作品。若沒有以「運用整體的作業完成一個作品」去思考的話，味道和技術就無法產生相輔相成的效果。這樣説也許很極端，但是我認為這個作品，正是可以將那樣的想法淺顯易懂表現出來的例子。

拉糖藝術

高級篇

靈活運用所有的基礎技術&
有效地利用塑糖

Advance

主題是「有效地利用塑糖」。
使用塑糖來製作
基座和零件，
藉由糖粉增添霧面的質感和
直線的美感，
讓外觀產生變化。
主角是小丑的糖工藝。

活用多樣化的質感
打造出截取瞬間的作品

在高級篇中，將加入作法繁複、需要高超技術的糖工藝，也就是以糖粉作為主要材料的砂糖工藝「塑糖（pastillage）」，作品全體的技術性主題即是「有效地利用塑糖」。

塑糖是一項非常耗時的工藝。製作糖團，成形之後，最起碼也需要3～4天讓它乾燥，久一點的話則要1個月左右。時而揉捏糖團，時而使用紙型的作業，比較近似杏仁膏工藝和巧克力工藝的手法，但塑糖的特色就在於即使溫度或濕度很高也不會發生變化。

純白且粗糙的獨特質感，與糖工藝的透明感形成對比。經砂紙打磨之後，也能夠表現出如陶器般的光澤。如果善加利用「塑糖感」，能夠表現的範圍將會更加寬廣。

這次我想要表現直線的美感，因此將基座做成塑糖，主打鮮明銳利的意象。葉片和花苞等的零件也是以塑糖製作，除此之外，還加入了以糖粉和蛋白製作而成的「皇家糖霜（glace royale）」花邊。這些都是為了善加利用白色，做出立體感，同時再將全體噴上金色色素，讓作品產生近似糖工藝光澤的氛圍，呈現出統一感也是作品的重點所在。

主角則是主要使用吹糖（Sucre Soufflé）技法製成的小丑，並且它還擔任塑造作品輪廓的任務。以主角塑造主要輪廓的構圖，也許需要更進一步的考量。塑造輪廓的主軸，比起支柱等無意義的物體，像主角這樣的具體角色更能留下深刻的印象。此外，「截取瞬間」的構圖也是這次作品所要呈現的重點。正在進行雜耍表演的小丑展現的躍動感，讓作品產生動感、營造出栩栩如生的氣氛。

做成3色漸層的玫瑰花、前端變尖的細吸管狀吹糖、細緞帶等，這些由基礎再進階的技術製成的糖工藝也隨處可見，目標是做出一個360度，不論從哪個角度看過去都能好好欣賞，完成度很高的作品。

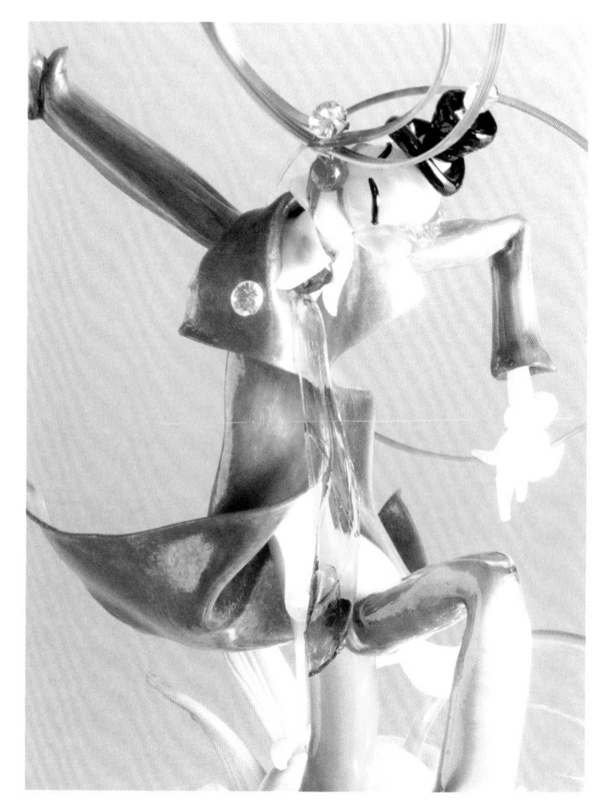

PROCESS ｜ 流程

1.	構想	決定主題，構思色調和設計。
2.	設計圖	畫出設計圖，以便將創意具體化。
3.	製作塑糖	製作糖團，製作用於基座和配件等的零件。 成形，乾燥之後上色。
4.	熬煮糖漿	分別熬煮用來製作流糖（Sucre Coulé）、拉糖（Sucre Tiré）、吹糖（Sucre Soufflé）的糖漿。視需要將糖漿染色。一部分的糖漿用來作為黏接劑*。
5.	組裝基座・上色	組裝塑糖的零件之後製作基座， 安裝以皇家糖霜製作而成的裝飾。適度地上色。
6.	製作糖工藝的零件	使用拉糖和吹糖的手法，製作主角小丑和配件的零件。 組裝主角小丑。
7.	組裝・塑造輪廓・完成	將糖工藝黏接在基座上組裝起來，塑造輪廓。 製作細小的零件，然後搭配，即可完成。

*黏接用的糖漿／需準備2種無染色的流糖，一種是將糖漿倒在保溫燈底下做成柔軟固狀物；另一種則是用鍋子熬煮後直接使用的液狀物。基本上，固狀的糖團用於黏接較大的零件，液狀的糖漿則用於黏接小零件。

SKETCH ｜ 設計圖

以製作出雅致氛圍、呈直線的塑糖基座，來展現作品的厚重感，另一方面，也以糖工藝表現出柔和的曲線美和輕盈感。以小丑的身體和腿部為主軸，同時讓手腳做出動作，展現躍動感。小丑手中抓著的圓環，因為必須觀察整體的平衡感後，才能搭配上去，所以在設計圖中先以細線描繪出來。

製作塑糖 ①
〔製作糖團〕

塑糖是以糖粉為主材料製作而成的糖工藝。首先，將糖粉、水、明膠片等混合，反覆揉合後，即可製作成純白的黏土狀糖團。

POINT

❶ 用掌腹將糖團緊壓在作業台上，同時反覆從近身處朝前方延展，搓揉至變成沒有結塊、質地細緻的狀態。
❷ 因為非常容易變乾，所以糖團揉製完成之後要立刻以保鮮膜和濕布巾包覆起來。在即將成形之前要揉合糖團，讓它恢復成糖團剛完成時的光滑狀態。

〔材料・配方〕

純糖粉…100%
明膠片…0.8%
水…9%
檸檬汁…1%
玉米粉…10%

※ 請將純糖粉和玉米粉混合過篩之後備用。
※ 記載於純糖粉以下的材料數值為相對於純糖粉分量的比例。

1 將明膠片放入缽盆中，加入水和檸檬汁把明膠片泡脹，再直接隔水加熱煮至溶化。 A

2 將已經混合過篩的純糖粉和玉米粉、① 放入攪拌盆中，用安裝了攪拌棒的攪拌器以低速攪拌至變得光滑為止。 B~D

3 取出之後放在作業台上，用手集中成一團。以手掌將糖團按壓在作業台上，再將全體揉合至均勻的狀態。如果太硬的話，就適度地加入水（分量外），調整軟硬度。 E
► 將糖團緊壓在作業台上揉合，可以揉成質地細緻的糖團。如果有結塊殘留，外觀會變得不好看。

4 以保鮮膜包覆，然後再包上濕布巾。 F
► 因為很容易變乾，所以作業中不會使用到的糖團，都先以這個狀態保存。
► 在即將使用之前放在作業台上，用手充分地揉合，讓糖團恢復剛完成時光滑的狀態。如果沒有恢復成原狀的話，很容易產生裂紋。

A

B

C

D

E
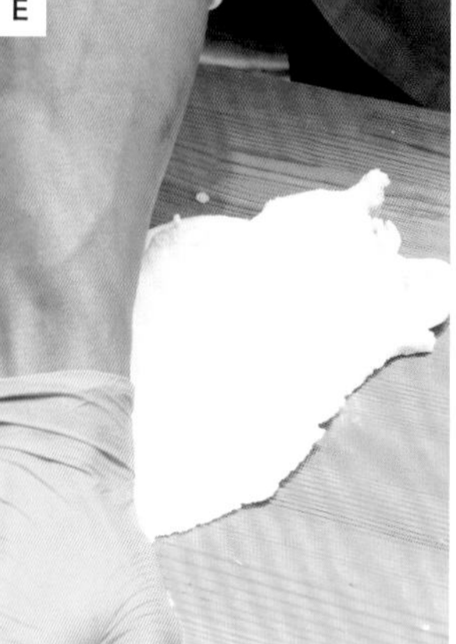

F
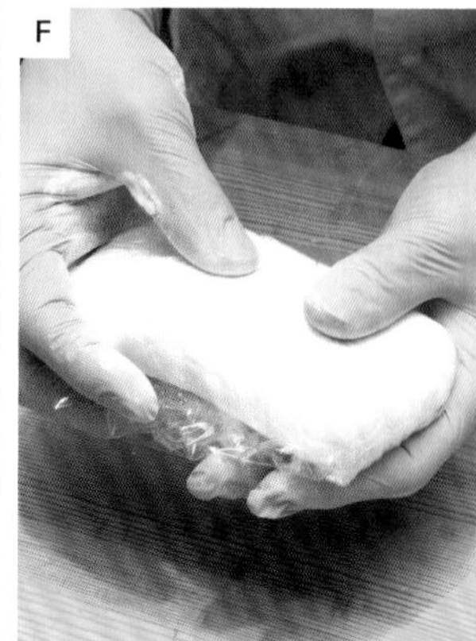

製作塑糖 ②
〔成形之後乾燥／上色〕

糖團成形之後，基本上要在室溫中放置 4 ～ 5 天讓它乾燥變硬。上色則要等乾燥之後才進行。這次除了基座的零件之外，還要製作葉片和花苞等的零件。

POINT

❶ 手粉使用的是玉米粉。用毛刷將手粉塗在菜刀的刀刃上，就可以乾淨俐落地切開糖團。

❷ 意識著成品的樣子，去改變下刀的角度和糖團的厚度。用來裝飾基座的四方錐台零件，事先要分別以菜刀傾斜 45 度左右切出四邊，如此一來組裝的時候，零件便能緊密貼合，非常牢固。葉片等的尖端則要削薄。

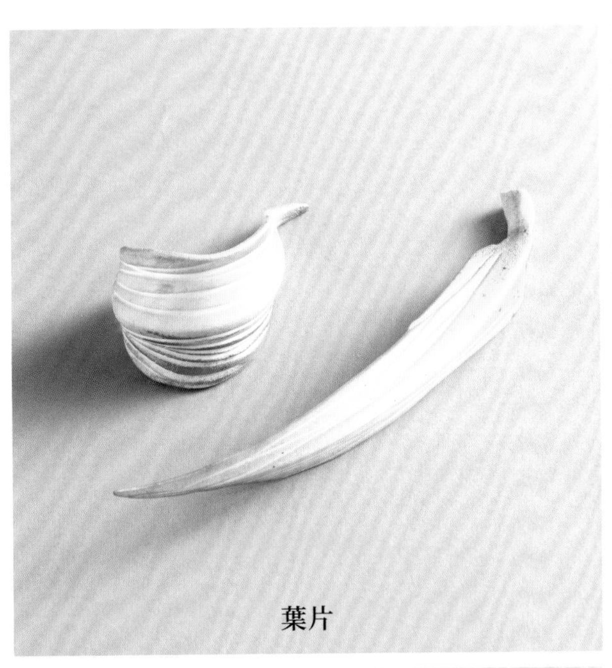

葉片

基座的零件和裝飾

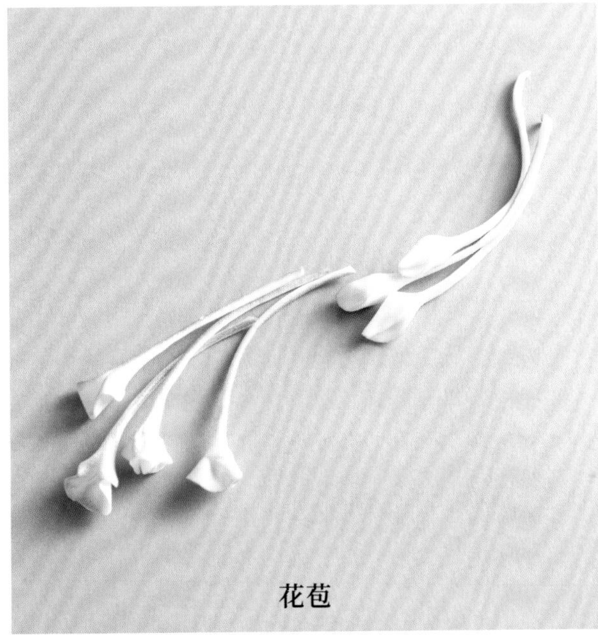

花苞

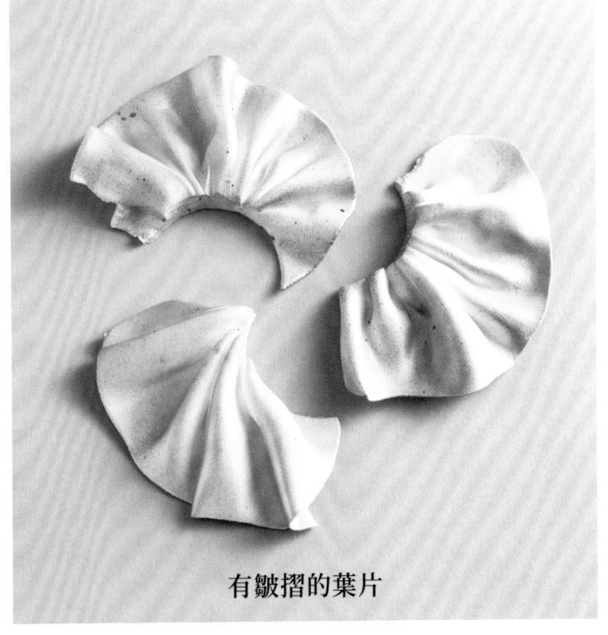

有皺摺的葉片

基座的零件和裝飾

1 製作底部的零件。將手粉（玉米粉／以下同）撒在作業台上，將 2 根厚 1.5cm 的鐵條相隔 10cm 多一點的距離平行放置。將適量的糖團放在鐵條之間，滾動擀麵棍，擀成正方形。 A

2 將 10×10cm 的正方形紙型放在 ① 的糖團上面，再連同糖團放到鋪有 OPP 塑膠紙的作業台上。使用撒上了手粉的菜刀，按照以下的要領切除超出紙型範圍的糖團。將菜刀靠著紙型邊緣，朝著糖團的內側傾斜約 45 度切下去，其他的側面也按照同樣的方式切下。 B~D

3 進行與 ① ~ ② 同樣的作業，準備出 2 片將側面斜斜切除的正方形糖板。將這 2 片糖板貼合在一起，當作底部（參照「組裝基座．上色」）。

4 將 ③ 其中一片的側面按照以下的要領進一步加工。將表面積小的那面朝上放置，從距離側面下方的三分之一左右高度下刀，朝著糖團的內側傾斜大約 45 度切下去。把這個糖板當作「板 A」，用來作為底部的下側，另一片則當作「板 B」，用來作為底部的上側。 E~F

► 藉由這項作業，手指可以卡進基座的底部，有利於搬動作品。

5 在 ① ~ ④ 製作完成的 2 片糖板，有 OPP 塑膠紙緊貼著、表面積小的那面（組裝時作為黏合面的那一側），置於室溫中 1 天讓它乾燥。

6 製作上部側面的零件。將適量的糖團放在撒有手粉的作業台上，以擀麵棍擀成厚 3mm 的薄片。將上底 4× 下底 10× 高約 18cm 的梯形紙型放在上面，使用撒上了手粉的菜刀，按照以下的要領切除超出紙型範圍的部分。將菜刀靠著紙型邊緣，朝著糖團的內側傾斜約 45 度切下去，其他的側面也按照同樣的方式切下。 G~I

7 進行與 ⑥ 同樣的作業，準備 4 片將側面斜斜切除的梯形板子。放在烤盤上，置於室溫中 4 ~ 5 天讓它乾燥。

8 製作上部的上面和底面的零件。按照與 ⑥ 同樣的作法，將糖團擀成厚 3mm 的薄片。將 10×10cm 和 4×4cm 的正方形紙型放在上面，按照與 ⑥ 同樣的作法分別切下來，放在烤盤上，並置於室溫中 4 ~ 5 天讓它乾燥。照片 J 為已完成的糖板，2 片正方形則是上面和底面的零件，在兩者之間的梯形是側面的零件。 J

A
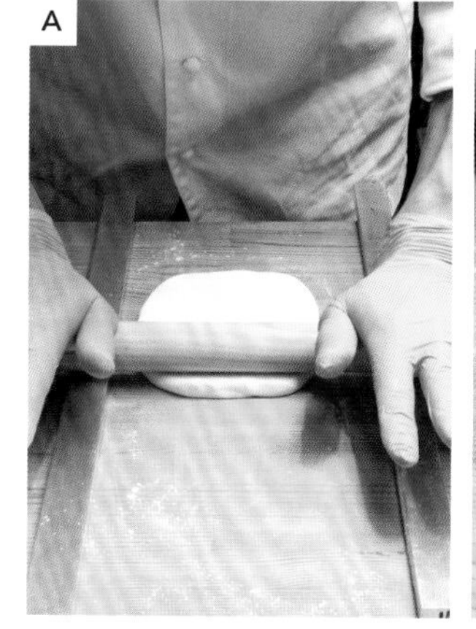

B

C
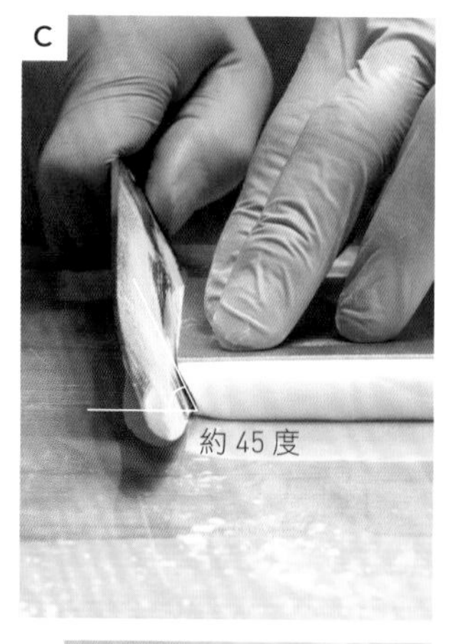

D

E

F

G

H

9 以皇家糖霜製作基座的裝飾。將純糖粉和蛋白（各適量）放入缽盆中，以橡皮刮刀攪拌。接著將糖霜移至作業台或把底面翻過來的長方形淺盤上，再以抹刀攪拌成沒有結塊的狀態。　K~L

10 將 ⑨ 放入攪拌盆中，以低速慢慢地拌入空氣，攪拌至全體變成均勻滑順的狀態。

11 將 OPP 塑膠紙重疊在設計稿上面。將 ⑩ 填入裝有圓形擠花嘴的擠花袋中，按照設計圖擠出形狀，再置於室溫中 1 天讓它乾燥。　M

12 重疊在 ⑪ 的上面再次擠出糖霜，並直接置於室溫中 1 天。這項作業再進行 1 次，總共疊 3 層，同樣要置於室溫中 1 天讓它乾燥。

13 將 ⑩ 填入裝有樹葉形擠花嘴的擠花袋中，配合設計圖，重疊在 ⑫ 的上面擠出，並置於室溫中 1 天讓它乾燥。其他設計圖上的裝飾也以同樣的方式製作。　N

I
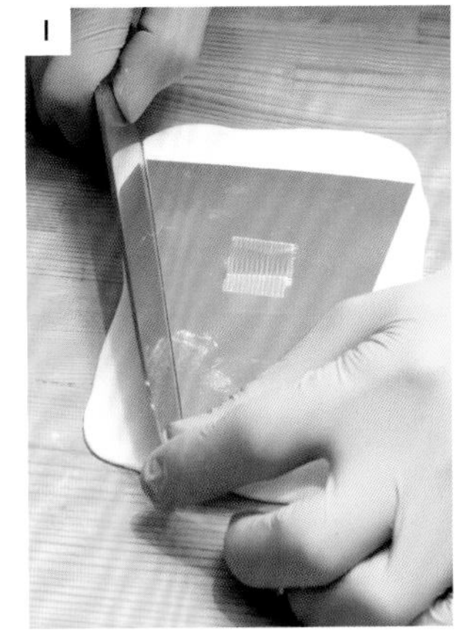

L
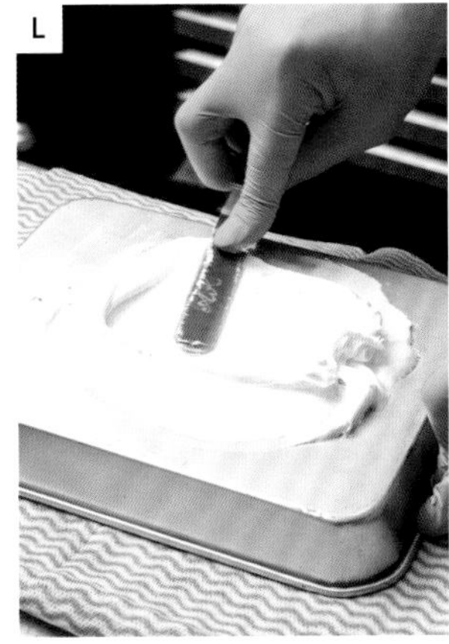

J
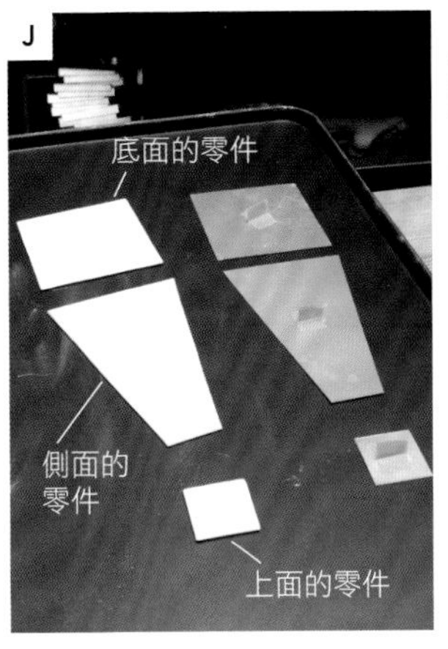

M
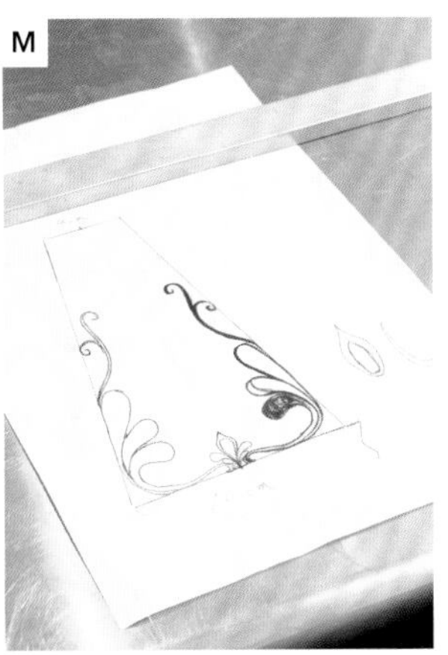

K

N

不要用手直接碰觸塑糖

塑糖的糖團一經碰觸就很容易留下痕跡，所以盡量不要直接接觸。為了方便取下紙型，最好事先裝上膠帶等當作把手。

有皺摺的葉片

1 取適量的糖團揉捏成棒狀，縱向放在撒有手粉的作業台上，再以擀麵棍擀成厚 3mm 左右。這個時候，左右兩側的厚度可以擀得稍微不一樣。薄的那一側就當作葉尖。 A

► 在厚度上做改變可以做出漂亮的葉片。

2 將全體摺成風琴折，並將較厚的那一側集中，整理成一個扇形。 B~D

3 用手指掐除多餘的糖塊。置於室溫中 4 ～ 5 天讓它乾燥。

4 為 ③ 上色。首先，以空氣噴槍將黃色和綠色的液體色素（以色粉和櫻桃白蘭地混合而成／以下同）依序噴在山狀突起附近。接下來再以空氣噴槍將全體噴上金色的液體色素，並置於室溫中讓它乾燥。 E~F

► 須保留白色的部分。此外，為了避免已經噴成黃色的部分被綠色完全覆蓋，若已噴上黃色色素的地方，便要從相反的方向噴上綠色色素。

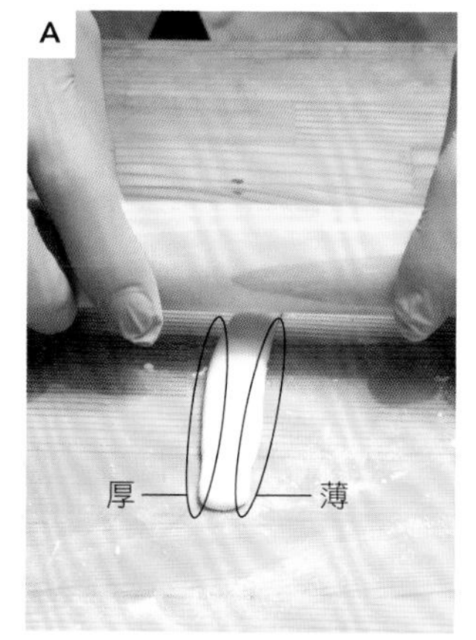

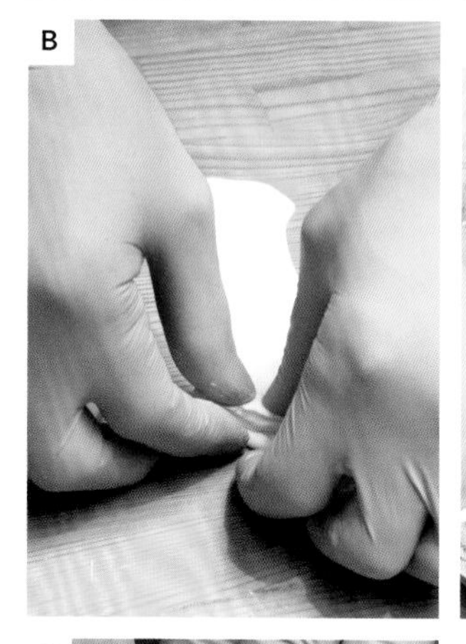

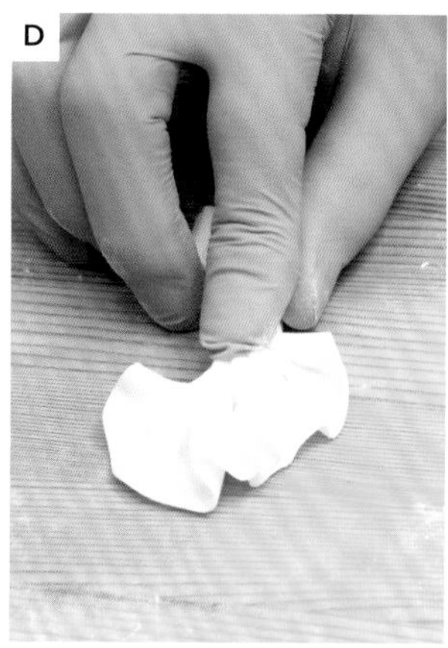

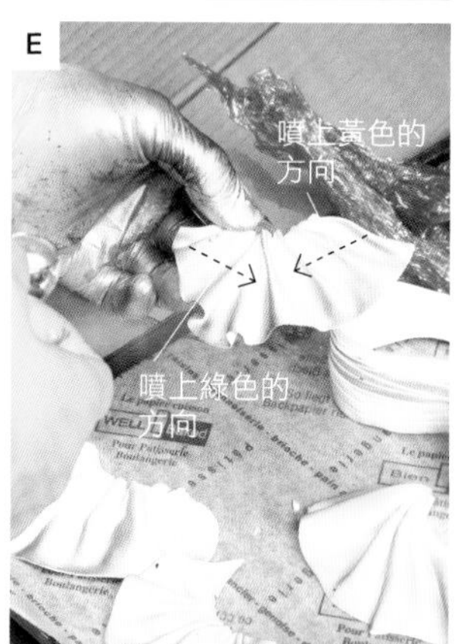

葉片

1 取適量的糖團放到撒有手粉的作業台上，以擀麵棍擀平成水滴形。 A

2 只有中央保留厚度，滾動擀麵棍將尖端和周圍擀薄。

3 使用擀麵棍的一端，壓出看起來像葉脈的紋路。 B

4 將葉片貼附在擀麵棍、水滴形的環狀塑膠紙，或是圓筒形的物品（以 OPP 塑膠紙包捲住的捲筒式廚房紙巾）等上面，就這樣保持弧度，並置於室溫中 4 ～ 5 天讓它乾燥。 C~D

5 為 ④ 上色。首先以葉緣為中心，用空氣噴槍噴上黃色的液體色素。接下來用手指塗上綠色的液體色素，再用空氣噴槍將全體噴上金色的液體色素。葉片底部則薄薄地噴上褐色色素，並置於室溫中讓它乾燥。

花苞

1 取少量的糖團放到撒有手粉的作業台上，以抹刀等器具壓平成薄的圓形。 A

▸ 因為小零件容易變乾，容易產生裂縫，所以要迅速地進行作業。

2 製作未開的花苞。將 ① 的前端一圈圈地捲起來，變得像花苞未開的狀態。 B

3 保留花苞的前端部分，用手指將剩餘的部分捏細。接下來用手掌夾住已經捏細的部分搓滾，搓成細長條之後當作花莖。 C~D

4 製作飄動的花苞。將 ① 的一部分摺成風琴折，做成扇形，並依照與 ③ 相同的作法，製作花苞和花莖的部分。置於室溫中讓它乾燥。 E~F

5 為 ④ 上色。為了適度地保留白色的部分，以空氣噴槍依序噴上黃色、綠色、紅色的液體色素。再將全體噴上金色的液體色素，並置於室溫中讓它乾燥。

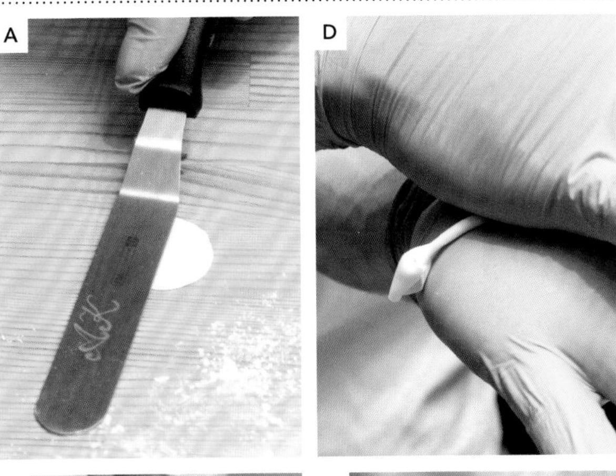

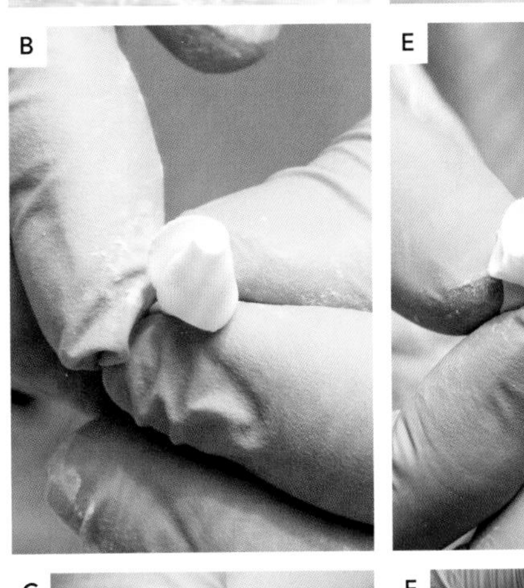

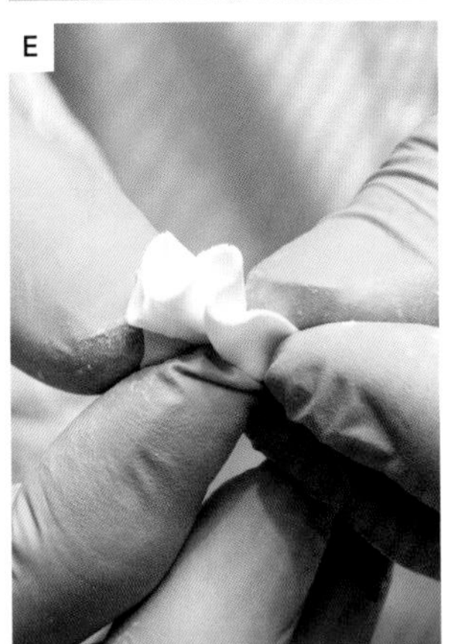

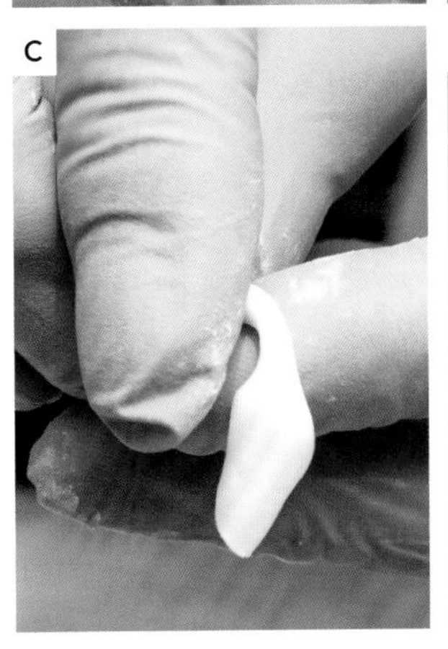

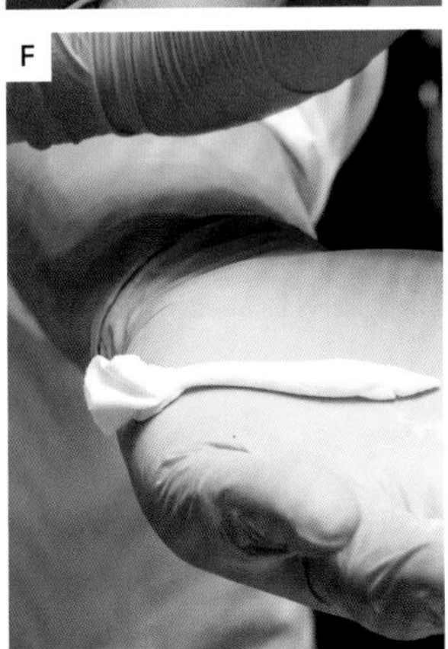

組裝基座・上色

這些以塑糖糖團成形，硬梆梆的基座零件，將它們一邊上色一邊組裝起來。這次是先以花瓶或花盆為構想做出四角錐台，再增添了營造古典氣息的裝飾。黏接時，則使用以糖粉和蛋白製作的皇家糖霜。

POINT

❶ 用層層相疊的顏色製造出深度。這次從淺色開始噴起，深色則是以邊緣為主，只噴局部。液體色素方面，褐色是使用咖啡萃取液製成，其他顏色則是以色粉與櫻桃白蘭地混合而成。

❷ 充分活用糖團原本的白色，表現出「塑糖感」。全部的零件都噴上薄薄一層金色的色粉，使全體呈現統一感。

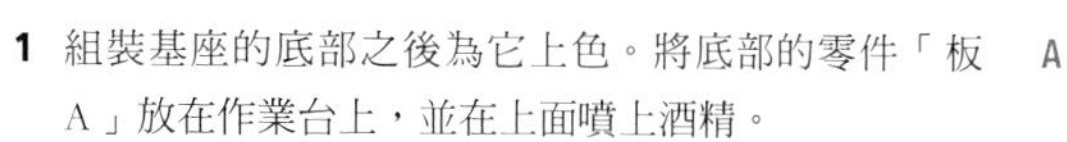

1 組裝基座的底部之後為它上色。將底部的零件「板A」放在作業台上，並在上面噴上酒精。　A
► 因為貼著 OPP 塑膠紙的那面尚未完全變乾，所以只在黏接面噴上酒精即可。

2 將基座底部的零件「板 B」，表面積較小的那一面，貼於 ① 的上面重疊在一起、黏合，並置於室溫中 12 小時左右讓它乾燥。　B

3 將皇家糖霜（作法參照 56 頁基座的裝飾）填入裝有圓形擠花嘴的擠花袋中，擠在 ② 的側面。以抹刀或是用水沾濕的手指，順著凹槽抹過去，一邊抹掉多餘的皇家糖霜，一邊製造出平滑的弧度，接著置於室溫中 1 天讓它乾燥。　C~E

4 以砂紙打磨 ③，直到出現如同陶器一般的光澤。

5 以毛刷將全體塗上黃色的液體色素（以色粉與櫻桃白蘭地混合而成／以下同），再用布巾以擦拭的方式抹開來。　F

6 以毛刷不均勻地塗上紅色的液體色素。　G

7 以空氣噴槍將綠色和金色的液體色素依序噴上去。　H

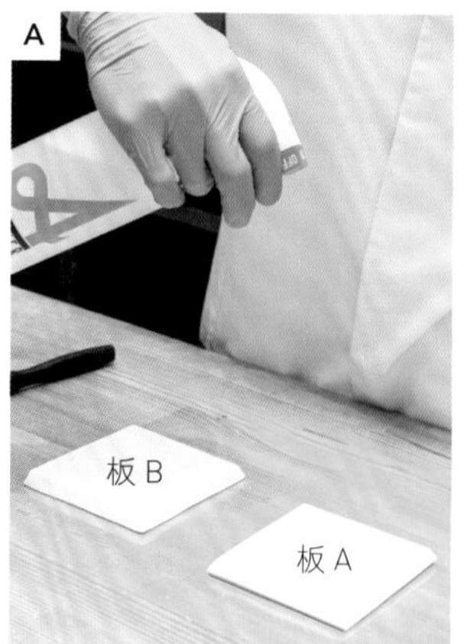

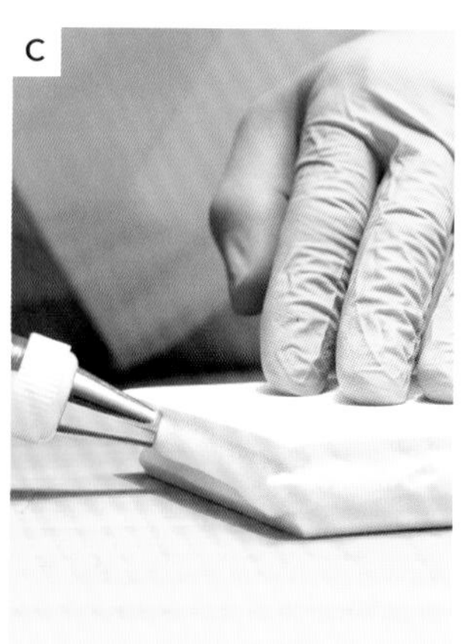

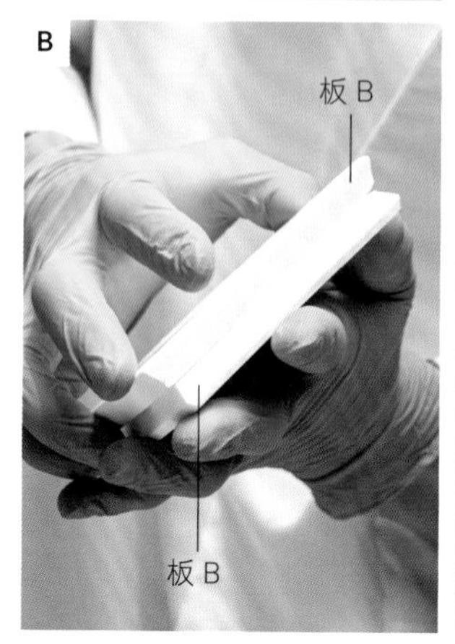

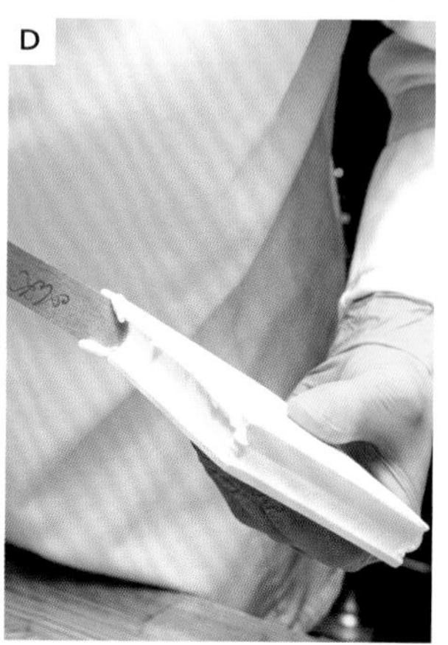

8 以空氣噴槍噴上褐色的液體色素，置於室溫中一陣子讓它乾燥。 I

▶ 重點式地噴在邊緣的部分，就能輕易地表現出木材的質感。

9 使用圓形和樹葉形的擠花嘴，將染成黃色的皇家糖霜擠在 ⑧ 的側面。 J

10 組裝基座的上部。將上部底面的零件（10×10cm×厚 3mm 的正方形板子）放在旋轉台上，沿著相鄰的兩邊將 2 片上部側面的零件（上底 4× 下底 10× 高約 18cm× 厚 3mm 的梯形板子）立起來。這個時候，2 片零件都是由以菜刀斜斜削出的部分朝向內側立起來的。 K

11 將皇家糖霜填入裝有圓形擠花嘴的擠花袋中，從內側擠在 ⑩ 的黏接部分。以調色刀等器具刮平，使皇家糖霜確實地填平縫隙。置於室溫中 1 天讓它乾燥。 L

12 按照與 ⑪ 同樣的作法，黏上 1 片上部側面的零件。

13 剩下 1 片側面的零件，在邊緣塗上皇家糖霜，與 ⑫ 黏接起來。

14 將上部上面的零件（4×4cm× 厚 3mm 的正方形板子）邊緣塗上皇家糖霜，與 ⑬ 的上面黏接起來。

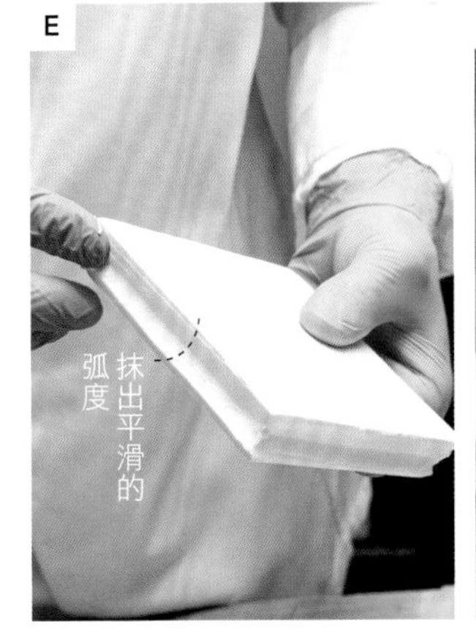

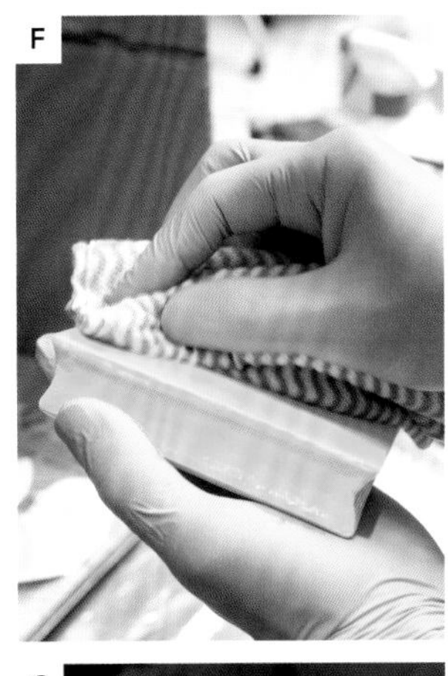

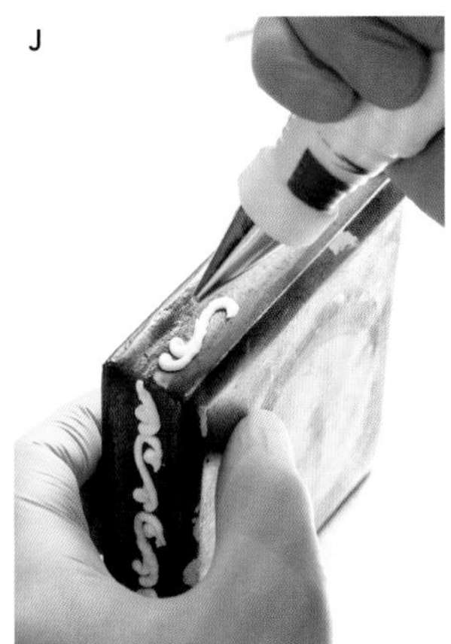

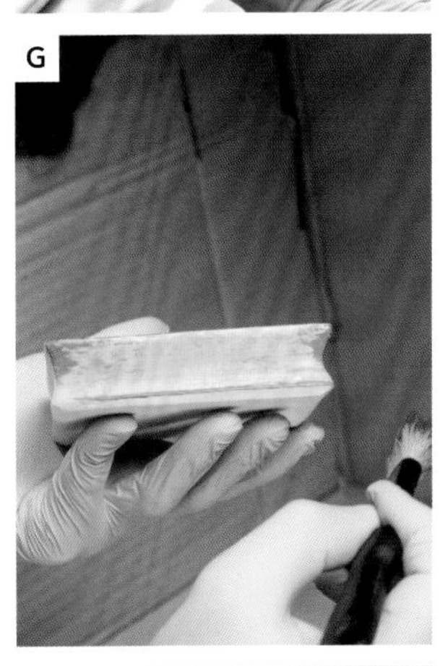

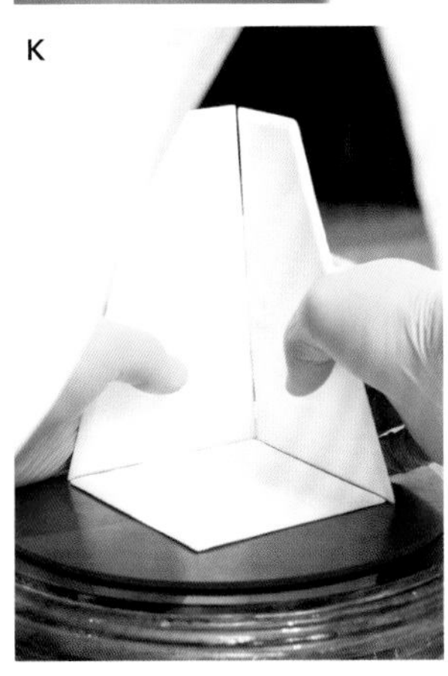

進行細緻的作業時
也會使用擠花嘴或畫具

要將黏接部分的皇家糖霜抹平時，使用油畫用的調色刀等畫具會很方便。在製作皇家糖霜的花邊時，也常常會用到擠花嘴。

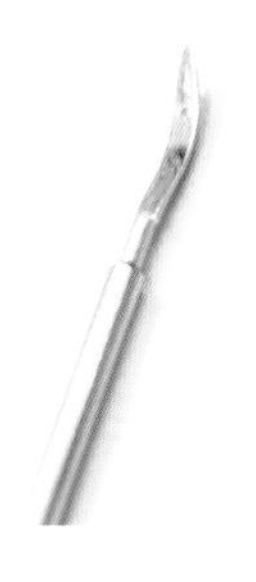

15 黏接基座的上部和下部。將少量的皇家糖霜擠在⑨（基座的底部）的中央，然後放上⑭（基座的上部）黏接起來。 M

16 將以皇家糖霜製作的基座裝飾噴上顏色。首先，為了適度地保留白色的部分，以空氣噴槍依序噴上黃色、紅色、綠色的液體色素。接下來以空氣噴槍將全體噴上金色的液體色素。部分地方噴上褐色的色素。 N

► 在邊緣的部分重點式上色，可以呈現出立體感。

17 將少量的皇家糖霜擠在已經上色的基座裝飾背面，然後貼在基座上部的側面。 O

► 貼上小型裝飾時，使用鑷子的話會比較便於作業。

18 以空氣噴槍將全體噴上金色的液體色素。在基座的下部充分噴上褐色的液體色素。 P

► 將基座放在圓形圈模上面，比較便於進行下部的作業。

CHECK：黏接方法

在黏接塑糖的零件時使用皇家糖霜

在將塑糖的零件黏接起來的時候，可以使用皇家糖霜作為黏著劑。皇家糖霜是由純糖粉和蛋白混合而成，利用蛋白的分量來調整濃度。以皇家糖霜確實地填平縫隙的同時，也要讓它充分乾燥。

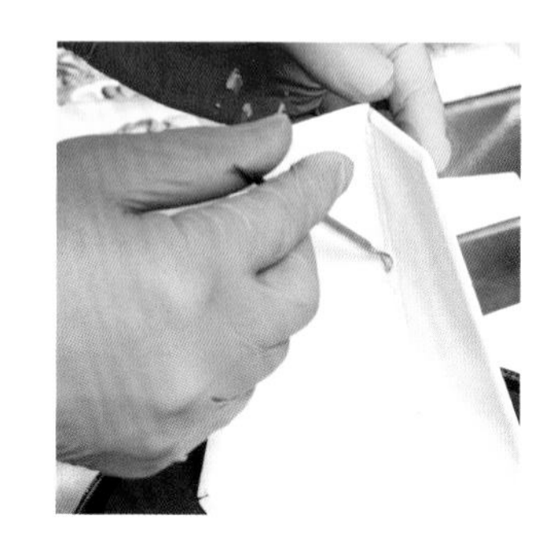

製作糖工藝的零件 ①

〔製作主體以外的主要零件〕

以糖工藝製作主角小丑以外的主要零件。拉糖（Sucre Tiré）的花瓣和玫瑰花等，這些曾在初級篇中登場過的工藝，只要多費一點心思就能做出更豐富的樣貌，妝點在作品之中。

POINT

❶ 玫瑰花以色調有微妙變化的 3 色花瓣製造漸層的效果。

❷ 糖工藝的球體和板子，不但以白色的糖團製作，而且還噴成白色，與基座塑糖的白色相得益彰。

玫瑰花

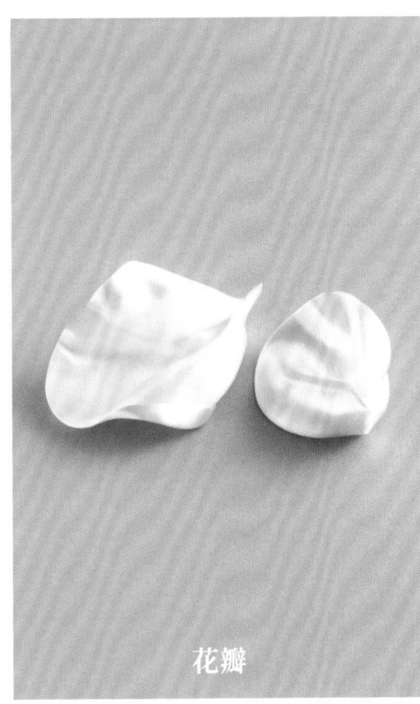

花瓣

正方形的板子＆球體

正方形的板子＆球體

1 製作正方形的板子。將 4 根厚 5mm 的鐵條放在矽膠墊上面，內側形成 4×4cm 的正方形，在鐵條的內側側面以噴油罐噴上油。將白色的流糖用糖漿倒入裡面，置於室溫中冷卻凝固。作法參照 20 頁「製作基座」的零件。凝固之後，以空氣噴槍噴上白色的液體色素。

► 不但以白色的流糖製作，而且噴成白色，就能與基座塑糖的白色相得益彰。

2 製作球體。準備一個上部有開小洞、直徑 6cm 的矽膠製球狀模具，將白色的流糖用糖漿從小洞倒入模具裡面，置於室溫中冷卻凝固。作法參照 36 頁「製作基座」的零件。凝固之後脫模，以空氣噴槍噴上白色的液體色素。

► 不但以白色的流糖製作，而且噴成白色，就能與基座塑糖的白色相得益彰。

花瓣

1 以白金色的拉糖用糖團（熬煮糖漿時不染色，略微煮焦之後拉摺而成的糖團）製作花瓣。作法參照22頁。不過，與用來製作玫瑰花的花瓣不同，不需使用拇指壓入糖團製造凹陷，拉開變薄之後，有的可以做得鬆弛一些，有的則是可以一圈圈地捲起，做成輕柔感覺的花瓣。 A~B

玫瑰花

1 以紅色的拉糖用糖團做成玫瑰花的花心，再以紅色、橙色、黃色的拉糖用糖團製作3色的花瓣，以製造出漸層效果的方式，將花瓣黏接在花心上。將這樣的玫瑰花準備大、中、小3種尺寸。玫瑰花的作法參照22頁，黏接方法則參照71頁的「CHECK」（以下同）。 A~F

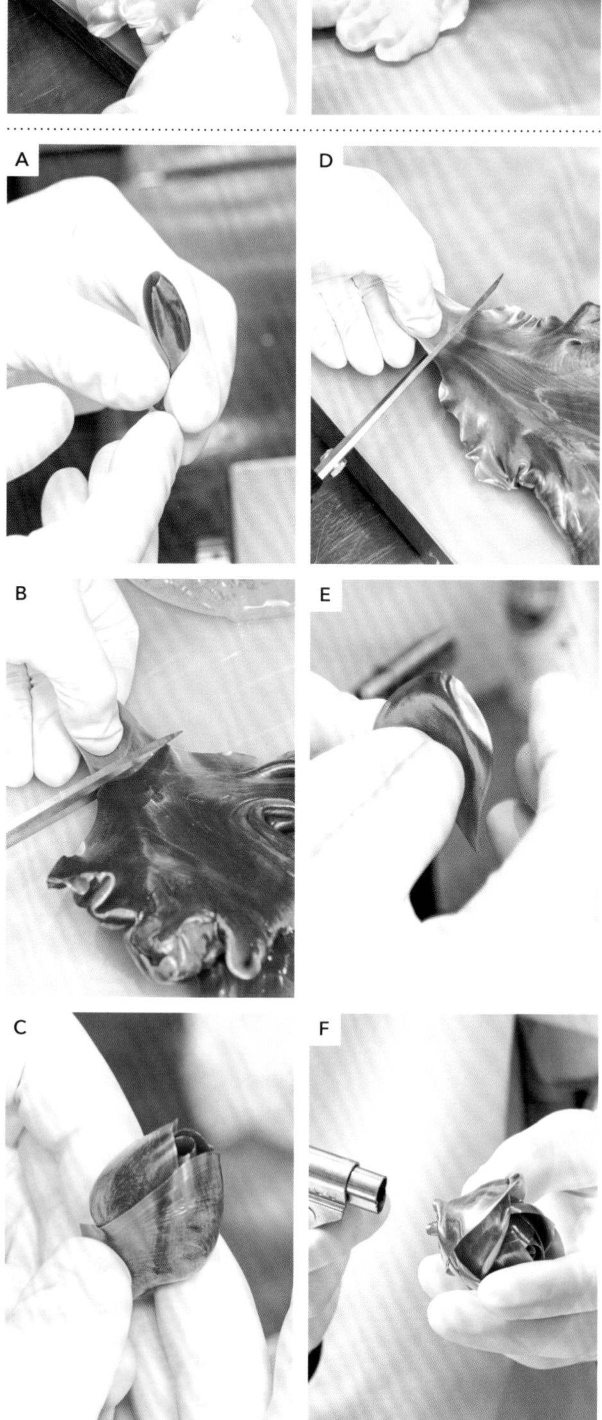

製作糖工藝的零件 ②

〔製作小丑〕

以吹糖（Sucre Soufflé）製作主體，洋溢著躍動感的主角小丑。製作小零件，一邊想像著作品全體的輪廓，一邊組裝成形。

POINT

❶ 想像一條縱向筆直的軸線，以那條軸線為重心，製作零件之後組裝。作為主軸的小丑身體和右腿，既描繪出緩和的弧度，也能帶來穩定的感覺。

❷ 小丑的身體和腿是將 2 種糖團相疊，拉出透明感，同時也表現出深度。

靴子

頭部和帽子

與衣物合而為一的身體

戴著手套的手

頭部和帽子

1 製作頭部。切下膚色的流糖用糖團，揉圓，當成臉部的基底。使用白色、黑色、紅色、藍色的流糖用糖團製作嘴部、眉毛、眼睛和鼻子等臉部的零件，黏接在基底上面。 A~C

▶ 細小的零件就按照杏仁膏工藝的要領製作。

2 將膚色的流糖用糖團揉圓之後，塑好從後腦勺到脖子的形狀，黏接在 ① 的上面。 D

3 將橙色的流糖用糖團做成細長的水滴形狀。將這個形狀準備好幾個，黏接在頭部的側邊到後方的部位，當作頭髮。 E

4 將膚色的流糖用糖團整平為橢圓形，黏接在臉部的側邊，然後以杏仁膏塑形刀製造出凹洞，當作耳朵。 F

5 製作帽子。將黑色的流糖用糖團塑成圓盤形和截頂圓錐體。將截頂圓錐體翻轉過來，黏上一小塊揉圓的白色流糖用糖團，與圓盤形的糖團黏接起來。 G~H

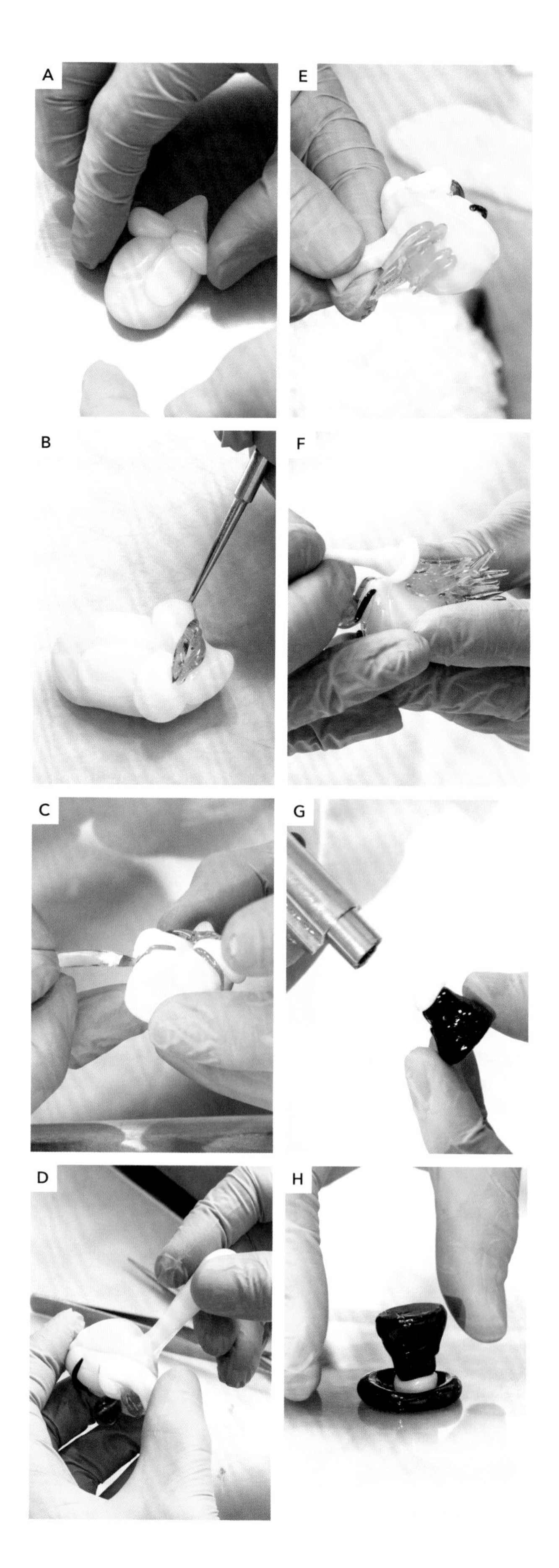

戴著手套的手

1 切下白色的流糖用糖團，揉捏成棒狀。將其中一側的末端稍微捏細，再稍微捏扁，然後用剪刀剪開做成手指。 A~B

2 使用畫具之類的工具將相當於手指關節的部分適當地弄彎，呈現出動感。

3 保留少許手腕，其餘部分切除，按壓在一小塊揉圓的白色流糖用糖團（當作手套的袖口部分）上面，黏接起來。 C

4 將膚色的流糖用糖團揉捏成棒狀，黏接在手套的入口部分。 D

A

C

B
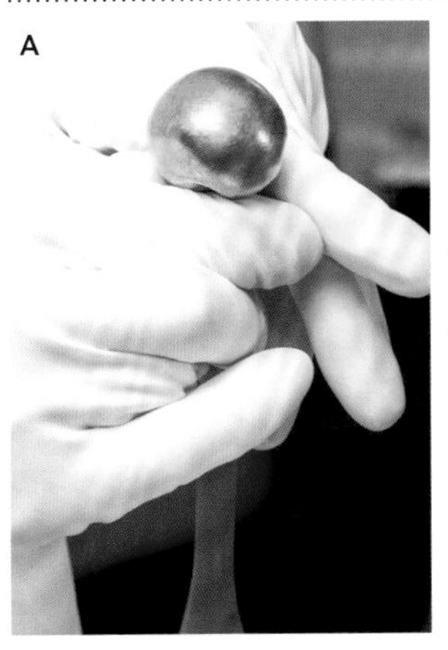

D
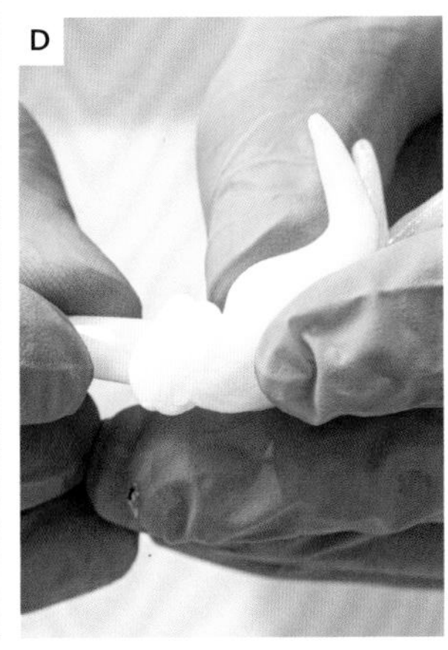

靴子

1 製作靴子的腳踝到鞋尖的部分。將褐色的吹糖用糖團緊貼著幫浦的管子，為了避免空氣外漏，因此不能有空隙。一點一點地灌入空氣，讓它稍微膨脹之後，前端維持圓形，同時用手拉開糖團，把它拉長，然後摺彎。拔掉管子後，在摺彎處附近切下來。 A~B

2 製作腳的腳踝到小腿的部分。將白色的流糖用糖團搓細成棒狀，其中一邊的末端把它搓細，並以杏仁膏塑形刀按壓紋路，即可做出襪子的微妙差異。在適當的長度切下，並將較細的那端朝上，黏接在①的上面。 C~D

3 製作靴子的腳踝到上面的部分。拉摺褐色的拉糖用糖團，把它拉薄，切下適當的形狀，並黏接在步驟②中白色的腳的正面，當作靴子的鞋舌。接著同樣拉摺褐色的拉糖用糖團，切下一個長方形，捲繞在②的上面包覆住白色的腳，黏接起來。 E~F

A
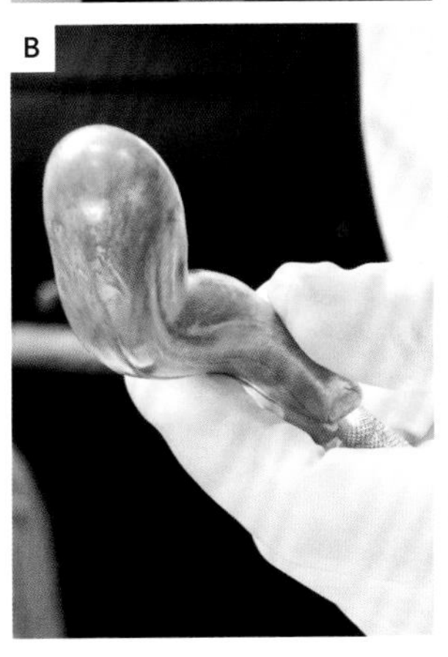

C
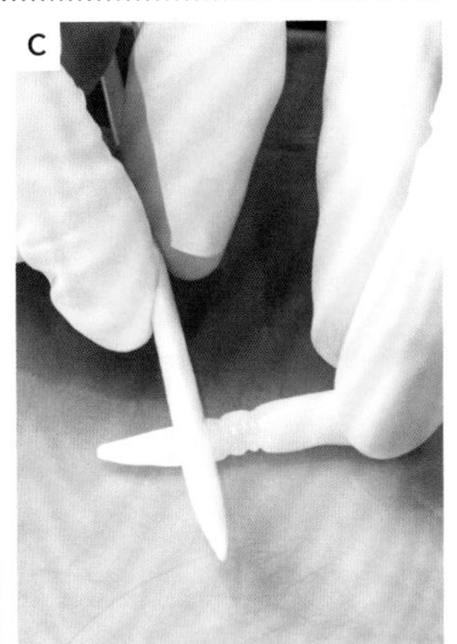

B

D

4 製作靴底和鞋帶。將黑色的流糖用糖團拉薄，黏接在靴子的底部。以杏仁膏用的塑形刀等工具刻劃溝槽。將黑色的流糖用糖團做成極細的短繩狀，準備好幾條，黏接在靴子上。再準備好幾根同樣的黑色繩狀流糖，時而彎曲時而黏接起來，做成蝴蝶結的形狀，黏接在靴子上。　G~H

E

G

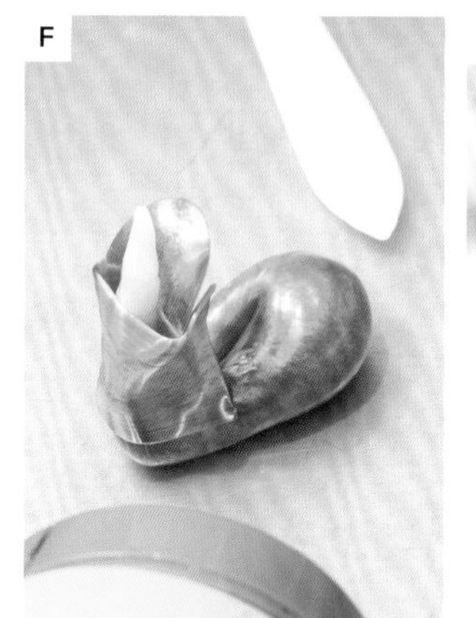

F

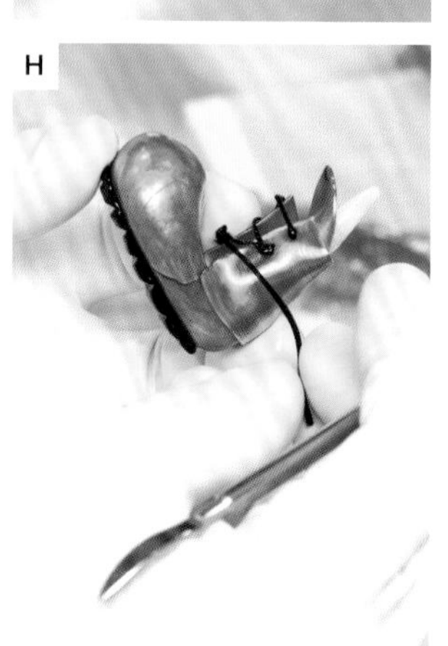

H

身體和腿

1 製作身體到右腿的部分。將無染色的拉糖用糖團弄平成正方形，以及將藍色的流糖用糖團延展成厚 5 ~ 7mm 的正方形，然後兩者重疊在一起。一邊保持均一的厚度和帶有光澤的狀態，一邊迅速地做出凹洞。

2 幫浦的管子前端保留一小截，其餘的部分則直接以藍色的流糖用糖團捲起來。像是要把它包起來似的跟①緊密貼合。為了避免空氣外漏，因此不能有空隙。

3 用手按緊貼合的糖團和幫浦管子，灌入空氣。接著將糖團延展成棒狀，變成適當的長度之後，以瓦斯噴槍的火焰烘烤，再用剪刀剪下來。用手摺彎，塑造出平緩的弧度。　A

4 製作左腿。按照跟①～③同樣的作法，製作藍色吸管狀的糖工藝，將相當於膝蓋的部分摺彎，摺成 L 字型。將要安裝靴子部分的前端按壓在作業台上，弄平，再以畫具等擴展洞口。　B~C

5 將③和④黏接起來。　D

A

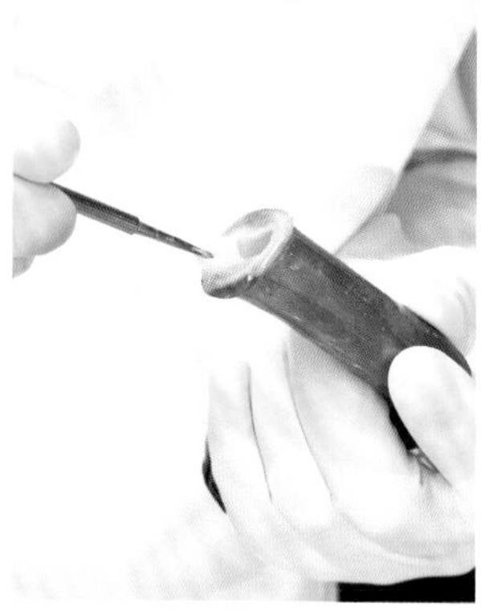

C

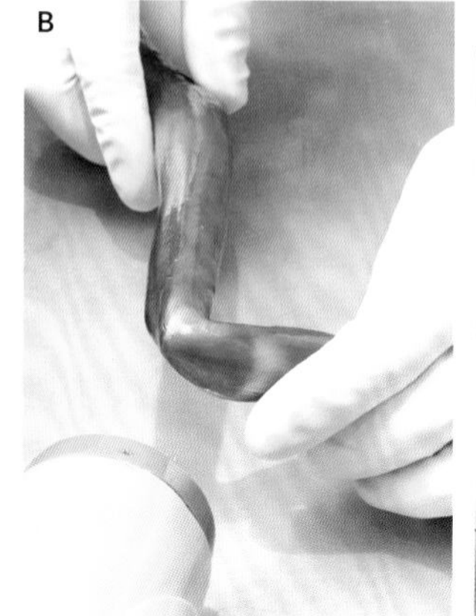

B

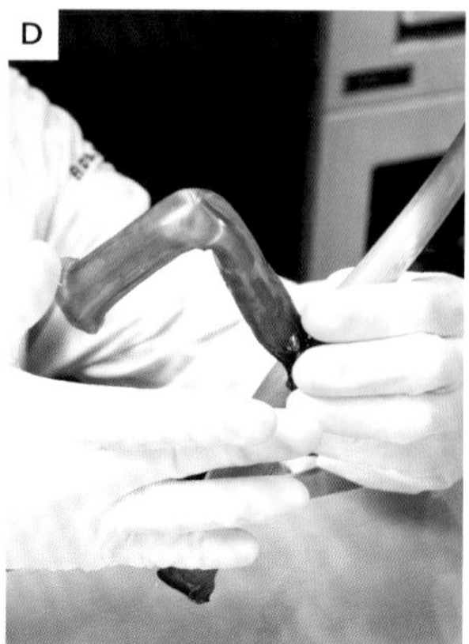

D

襯衫、脖子、領帶

1 製作襯衫。將白色的流糖用糖漿弄平，切下長的梯形，然後將短邊朝上，捲住身體。 A

► 緊緊地捲至左腳的黏接部分為止，以下的部分則讓它輕輕飄浮著，製造動態。

2 製作脖子。將膚色的流糖用糖團切下一小塊，將其中一邊的末端捏細，另一邊的末端捏粗，當作脖子。將較粗的那端朝下，插入身體的前端，黏接起來。 B

3 製作領帶。將橙色的流糖用糖團弄平成長方形，然後將藍色的流糖用糖團做成細繩狀，取數根斜斜地排列在長方形上面，做成條紋花紋。稍微拉長一點，再以剪刀剪下，整理長度和寬度。縱向摺疊成一半，將條紋花紋做成方塊花紋。以剪刀將其中一邊的末端剪成三角形，讓全體有點鬆垮，做成彎曲弧度不大的 S 字型。 C~F

4 從 ③ 剪下後剩餘的糖團中，取少量揉圓，做成三角形，作為領帶結。黏接在脖子根部。 G

5 將白色的流糖用糖團切下一個長方形，在脖子上圍一圈，當作衣領。 H

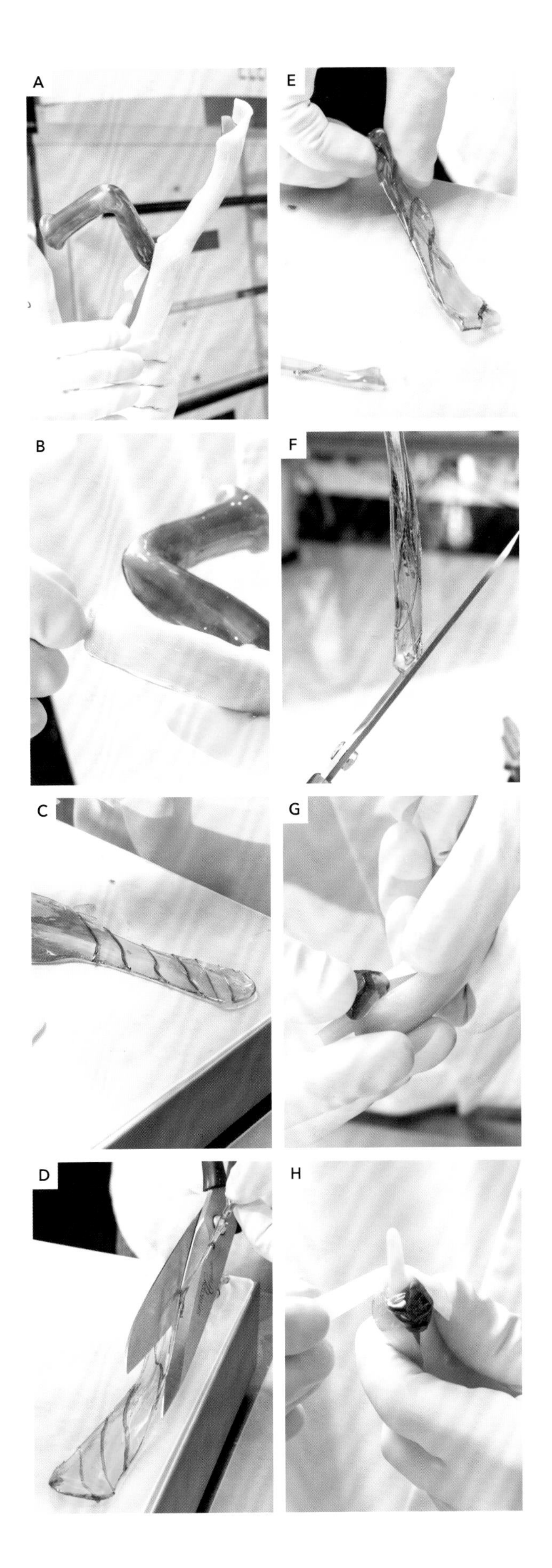

外套

1 將綠色的拉糖用糖團做成保持一點厚度的薄片狀，以剪刀剪下一個梯形。 A

2 將短邊朝上，包住已經捲著襯衫的身體，一邊弄成鬆垮的樣子表現衣服的皺褶等，一邊調整形狀。 B

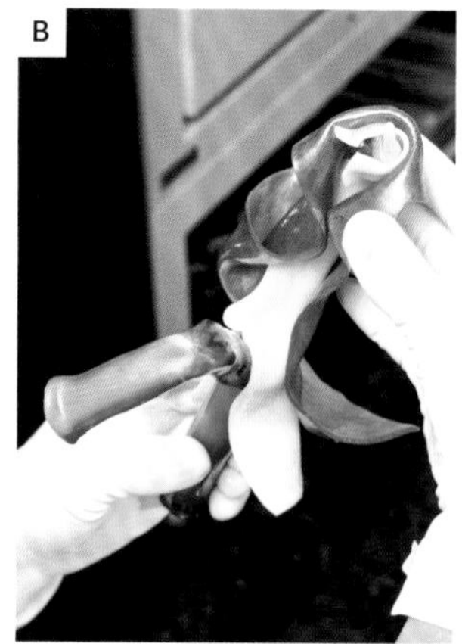

手臂

1 使用綠色的拉糖用糖團，依照身體和腿的①～③的要領，做成吸管狀。調整粗細和長度之後以瓦斯噴槍的火焰烘烤，用剪刀剪下來。用手指塞進切口，把切口擴大，然後以調色刀整理邊緣，作為袖口。 A~B

2 將①黏接在外套上。另一隻手臂的作法也和①相同，將相當於手肘的部分摺彎。黏接在外套上。 C~D

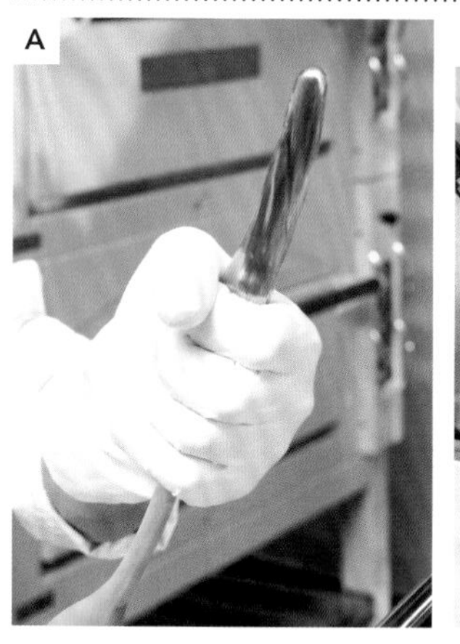

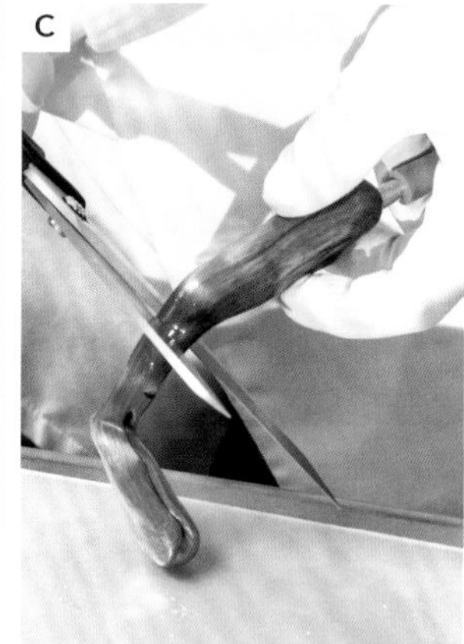

CHECK：平衡

軸心是描繪出弧度的小丑身體到腿部

以主角小丑為軸心，構想出輪廓。作為軸心的是單腳站立的小丑。一邊想像著完成時的模樣，一邊為了確實取得重心，描繪出弧度，表現柔軟度和動態。

完成

1 將頭部黏接在脖子上，將戴著手套的手黏接在袖口的中央。 A~C

2 將已經組裝在靴子裡，相當於從腳踝到小腿部分的白色糖團，以黏接用的固狀糖團捲起來，然後插入左腿的前端，黏接起來。 D

3 將帽子黏接在頭部。 E

4 將領帶黏接在已經安裝於脖子根部的領帶結上。 F

A

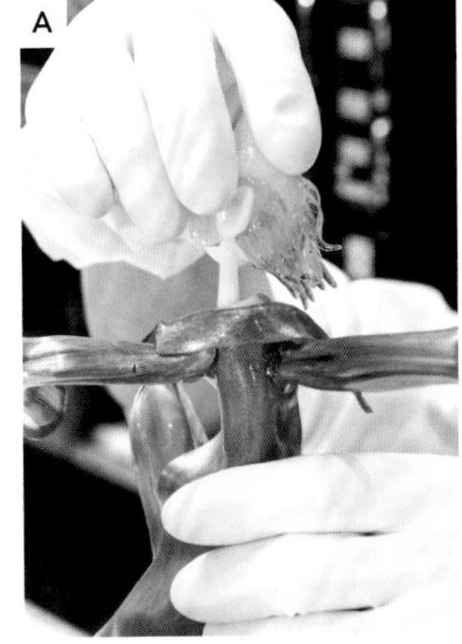

D

B

E

C

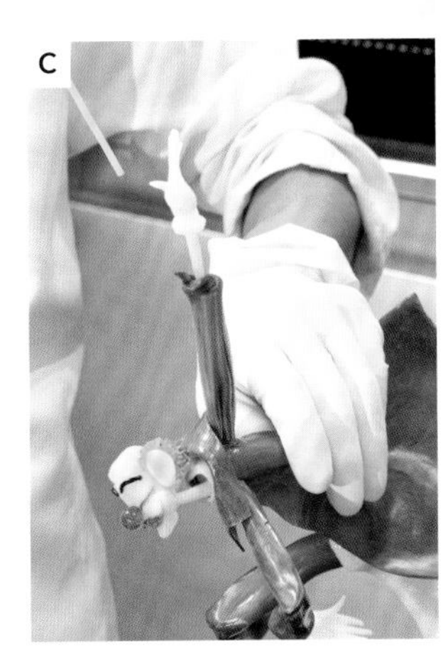

F

CHECK：黏接方法

糖工藝的黏接方法要考慮強度後再作選擇

有關糖工藝的黏接方法，如果是黏接小零件的話，可以直接以瓦斯噴槍的火焰烘烤黏接面，或是塗上黏接用的液狀糖漿之後再以瓦斯噴槍的火焰烘烤。黏接大零件的話，放上黏接用的固狀糖團，再以瓦斯噴槍的火焰烘烤後黏接起來，也就是先考慮強度後再選擇黏接方法。以吹塵器（非吹出冷氣型）或吹風機適度地對著黏接的部分吹風，也可讓它凝固。

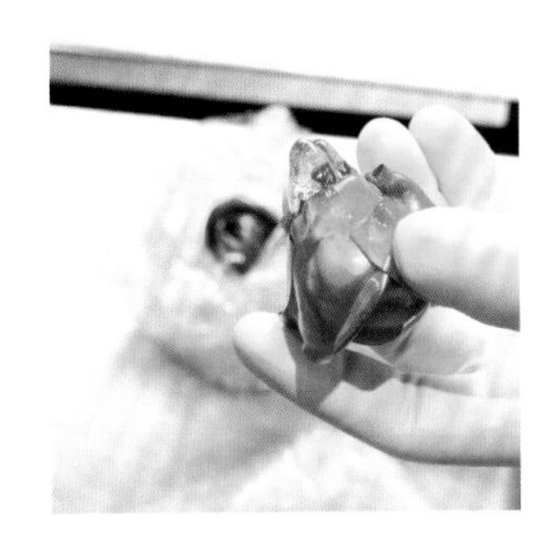

組裝・塑造輪廓・完成

黏接塑糖的葉片、花苞，和糖工藝的玫瑰花，安裝塑造全體線條的主角小丑之後，就可以塑造出鮮明的輪廓。安裝呈現出輕盈感和動感的細小零件，就完成了。

POINT

❶ 將尺寸、設計各不相同的各式零件呈放射狀保持平衡，再黏接於球體的糖工藝上。須意識到 360 度，不論從任何角度觀賞都能漂亮地呈現。

❷ 小丑手上拿著的圓環，不論是尺寸、顏色或位置，都要觀察全體的平衡後才決定。

1 在 4×4cm 正方形糖工藝的背面塗上少量的皇家糖霜，黏接在基座的上面。黏接方法參照 62 頁、71 頁、73 頁的「CHECK」（以下同）。

2 將少量的黏接用固狀糖團放在球體的糖工藝上，以瓦斯噴槍的火焰烘烤。放在 ① 的上面，黏接起來。

3 將塑糖的葉片和有皺摺的葉片黏接在 ② 的球體上。 A~B

4 將塑糖的花苞黏接在葉片和有皺摺的葉片之間，或是背面。 C

► 改變花莖的長度，就能展現動態。小零件也具有遮掩黏接部位的功能。

5 將糖工藝的大朵玫瑰花黏接在球體的正面，然後將中、小朵的玫瑰花黏接在它的兩側。 D~E

6 使用橙色的拉糖用糖團，以吹糖的手法做出數條細吸管狀的糖工藝。將前端搓細，描繪出弧度。一邊觀察平衡感，一邊將其中的 3 條黏接在球體上。

7 將小丑黏接在球體上，白色的花瓣黏接並覆蓋住小丑的腳下。 F~G

A

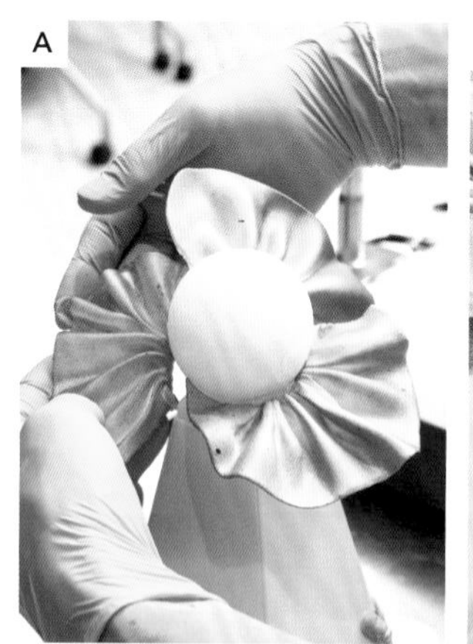

C

B

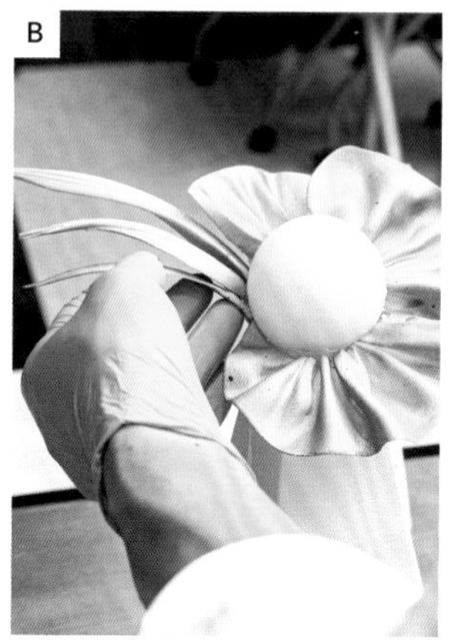

D

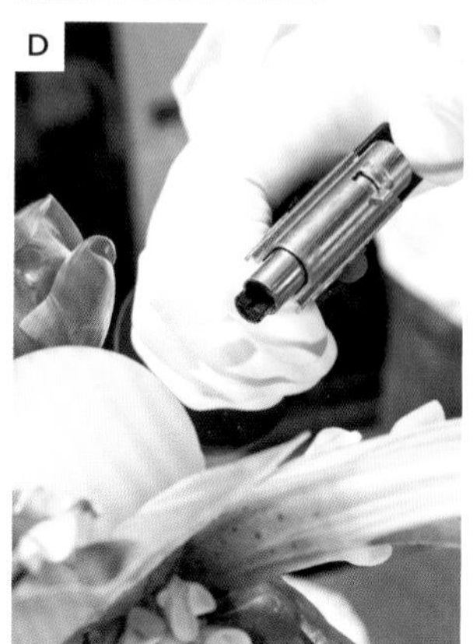

8 將無染色的流糖用糖團搓成細繩狀，黏接在花瓣和有皺摺的葉片之間。

9 以黃色、綠色、橙色的拉糖用糖團製作細長的緞帶，沿著圓形圈模等的外圍製作出大小不同的圓環。緞帶的作法參照 28 頁。將綠色大圓環和橙色小圓環黏接在小丑的鼻子上。 H

10 將橙色圓環黏接在右手的手指之間，黃色圓環黏接在左手的手指之間。將圓環接觸到背部的部分塗上少量的黏接用液狀糖漿，黏接於背部，讓圓環更加穩固。 I

11 製作刻劃了星形紋路的小型糖工藝。作法參照 36 頁的基座零件。將這個糖工藝點綴在外套和手腕、圓環和帽子等處。 J

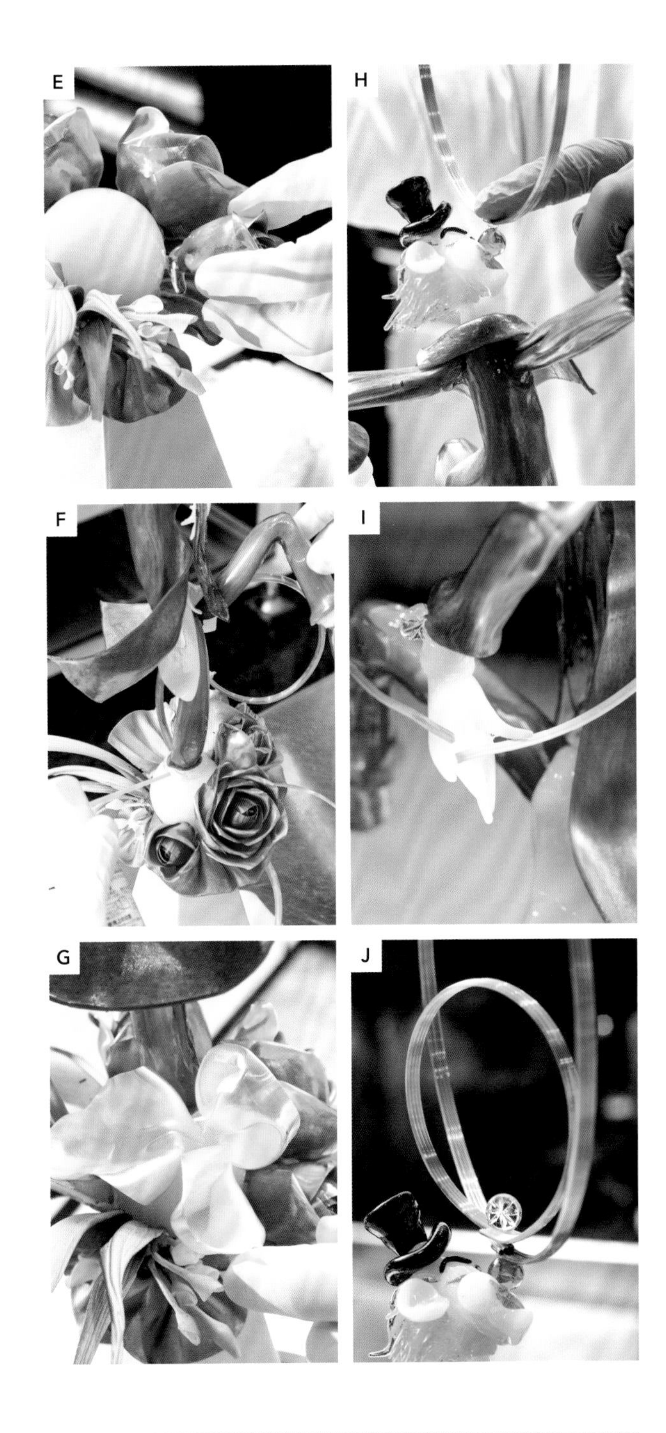

CHECK：黏接方法

塑糖和糖工藝的黏接要注意溫度

要黏接塑糖和糖工藝的時候，基本上是將黏接用的固狀糖團稍微降低溫度，做成黏土狀來使用。黏接用的糖團太過高溫時，有時會導致塑糖裂開，必須注意。

Column 02

甜點工藝・技術和表現的變遷

——冨田大介

©（一社）日本洋菓子協會聯合會

2006 年日本蛋糕博覽會「巧克力工藝甜點」組・大會會長獎

這是在日本規模最大的競賽中獲獎的作品。努力表現出栩栩如生的眼鏡蛇和蠶蜥，強力展現活力和美感。把動物的手臂做得比實際上還要粗大等，一邊留意不可偏離實際事物太多的這項準則下做出變形。從這個時期開始，我變得特別在意主體和基座的平衡。

©（一社）日本洋菓子協會聯合會

2007 年內海盃「技藝競賽 巧克力」組・冠軍

這是將厚重感和輕盈感的對比表現堆疊而上，達到很好平衡的「迷人」作品。主題是「愛」，將烏龜、大象、猴子等動物製作成親子組合，再搭配上漂亮的蛋。基座是以牛奶巧克力和黑巧克力這 2 種顏色的巧克力製作而成，將素材的顏色和特性發揮到極致。當時這個比賽也兼具了查爾斯・普魯斯特盃日本選手選拔賽的任務。

©Le Concours Trophée Relais Desserts Charles Proust

2008 年查爾斯・普魯斯特盃綜合組冠軍

這是在法國極具權威性的一個大賽中奪得綜合冠軍的作品。比賽規則是，除了巧克力之外，還要搭配拉糖和塑糖的工藝品。因為是國外的比賽，所以會依據素材的特性，充分展現出不同的風貌，同時也兼具了華麗感。我想我藉著這個作品向世界展現了，我獨一無二的作品中強勢的存在感和世界觀。

巧克力工藝

技術指導・冨田大介

與拉糖迥異的華麗感、強勁度、
閃亮的光澤、霧面的質感，和栩栩如生的造形……
充分利用原有的素材感，
呈現巧克力令人著迷的豐富「樣貌」。

在學習巧克力工藝之前

需要先知道的巧克力工藝和技法

基礎篇

Basic

巧克力板的基礎①

單面顯現光澤

〔材料〕

黑巧克力（經過調溫）

〔器具〕

烤盤／Guitar 塑膠紙*／抹刀／直尺／小刀／OPP 塑膠紙

*注：原文「ギターシート」又名「ギッターシート」，材質與OPP類似，但和材料的密合度更高也更具延展性。

1 將 Guitar 塑膠紙貼在烤盤的背面，在靠近其中一端邊緣的地方倒入已經調溫好的巧克力，使之呈帶狀。

► 要將塑膠紙鋪在烤盤上的時候，先用噴霧器噴灑酒精後，再疊上塑膠紙，然後以刮板從上面刮過去，將空氣排出，使塑膠紙緊貼住烤盤。

► 因為 Guitar 塑膠紙具有伸縮性，密合度也很高，所以用刀背從上面滑過去，或是壓模的時候不用切開塑膠紙就能把巧克力切開、留下痕跡等。巧克力能夠緊貼著 Guitar 塑膠紙直接保存也是優點之一。

2 以抹刀薄薄地抹開，就這樣置於一旁備用。

3 碰觸巧克力的表面，確認是否變得不會沾手，再趁著還沒完全變硬的時候，將直尺貼放在上面，用小刀切成想要的大小。

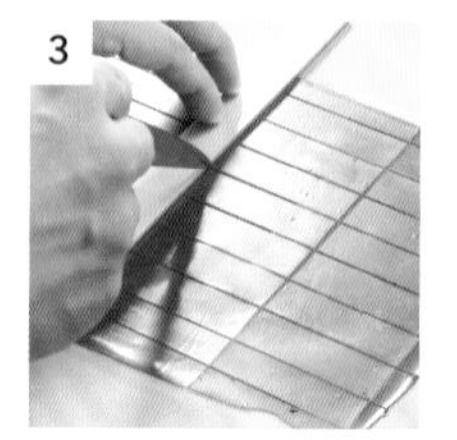

4 蓋上 OPP 塑膠紙，為了避免巧克力變形，將烤盤疊在上面，然後放入冷藏室中冷卻變硬。請保存在 10 ～ 15℃的場所或是冰箱的冷藏室中。

巧克力板的基礎②

雙面顯現光澤

〔材料〕

黑巧克力（經過調溫）

〔器具〕

烤盤／Guitar 塑膠紙／擀麵棍／直尺／小刀

1 將 Guitar 塑膠紙貼在烤盤的背面，在靠近其中一端邊緣的地方倒入已經調溫好的巧克力，使之呈帶狀。

2 疊上另一張 Guitar 塑膠紙，以免空氣進入。

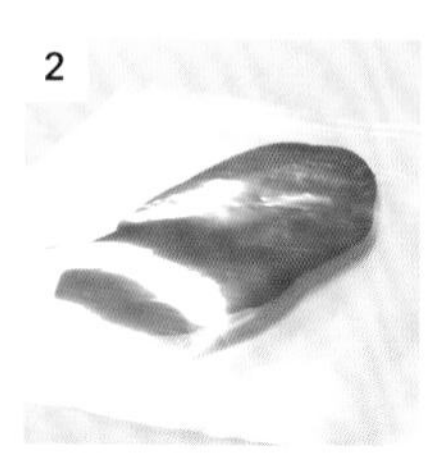

3 將擀麵棍放在鋪有巧克力的塑膠紙上面，朝著另一端一邊按壓一邊滑動，將巧克力薄薄地擀開。

► 如果將巧克力擀薄之後才疊上 Guitar 塑膠紙，空氣會很容易跑進去，所以要先疊上 Guitar 塑膠紙，再以擀麵棍一邊排除空氣一邊擀薄。

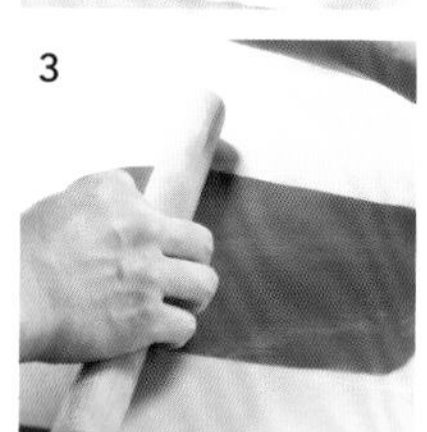

4 趁著還沒有完全變硬的時候，將直尺貼放在上面，用小刀的刀背劃出線條，分成想要的大小。

► 不必切開 Guitar 塑膠紙，而是以劃出溝槽的感覺，用小刀的刀背滑過去，就能切斷巧克力。

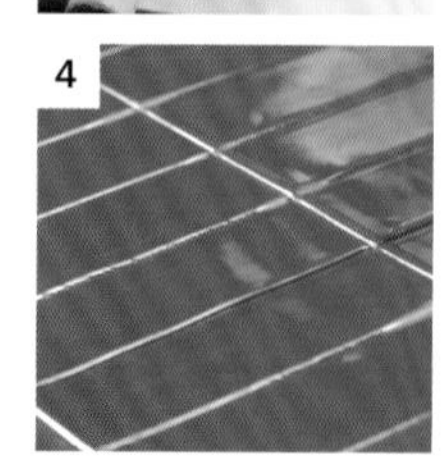

5 為了避免巧克力變形，將烤盤疊在上面，然後放入冷藏室中冷卻變硬。請保存在 10 ～ 15℃的場所或是冷藏室中。

► 因為 Guitar 塑膠紙緊貼在巧克力的兩面，所以衛生無虞，而且保存時可以重疊在一起也是它的優點所在。

《LESSON 1》

巧克力板的基礎和應用

巧克力板是泛用性非常廣的工藝品。只要變更色調、質感或形狀就能呈現出截然不同的樣貌。使用壓模的話也可以做出具有立體感的工藝作品。

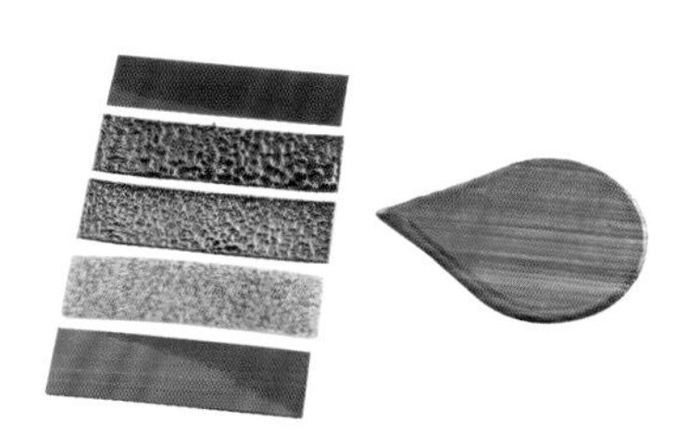

巧克力板的應用①

做出像鐵一樣的質感

〔材料〕

黑巧克力（經過調溫）／色粉（青銅色）

〔器具〕

烤盤／Guitar 塑膠紙／直尺／抹刀／海綿滾筒刷／小刀／OPP 塑膠紙／毛刷

1 進行「巧克力板的基礎 ①」的步驟①～②。趁著還沒有完全凝固的時候，以海綿滾筒刷沾取少量的黑巧克力，放在已經抹開的巧克力上滾動。重複進行這個動作數次，確實地製造出花紋後，就這樣暫置一旁備用。

2 碰觸巧克力的表面，確認是否變得不會沾手，再趁著還沒有完全變硬的時候，將直尺貼放在上面，切成想要的大小。

3 蓋上 OPP 塑膠紙，為了避免巧克力變形，將烤盤疊在上面，然後放入冷藏室中冷卻變硬。請保存在 10～15℃的場所或是冷藏室中。

4 以毛刷沾取少量的青銅色色粉，薄薄地塗在巧克力的表面。

► 只在凹凸花紋的凸出部分上珍珠色粉，以這種感覺重複塗抹好幾次，讓顏色漸漸變深。

1

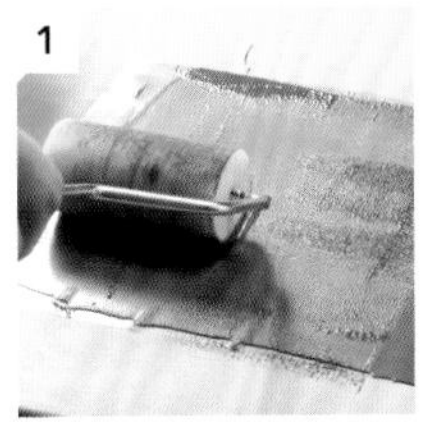

2

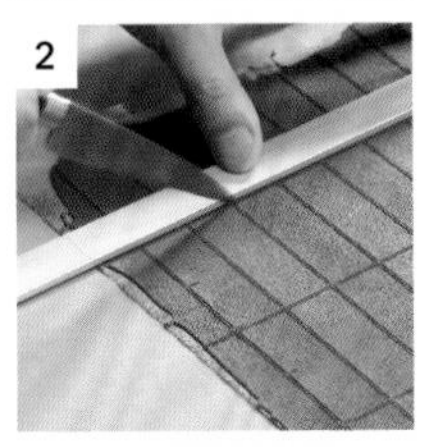

4

巧克力板的應用②

製造斑紋

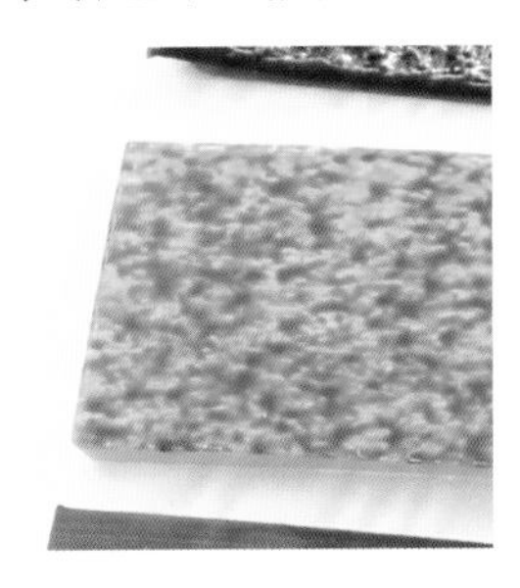

〔材料〕

黑巧克力（經過調溫）／白巧克力（經過調溫）

〔器具〕

烤盤／Guitar 塑膠紙／直尺／海綿滾筒刷／抹刀／小刀／OPP 塑膠紙

1 將 Guitar 塑膠紙貼在烤盤的背面。以海綿滾筒刷沾取少量的黑巧克力，放在 Guitar 塑膠紙上滾動。重複進行這個動作數次，確實地製造出花紋後，就這樣暫置一旁備用。

► 請注意，如果在這個階段黑巧克力就完全變硬的話，在步驟②倒入的白巧克力就無法緊密貼合，會變得很容易剝落。

2 在靠近①其中一端邊緣的地方倒入白巧克力，使之呈帶狀，再以抹刀薄薄地抹開後，就這樣暫置一旁備用。

3 碰觸巧克力的表面，確認是否變得不會沾手，再趁著還沒有完全變硬的時候，將直尺貼放在上面，切成想要的大小。

4 蓋上 OPP 塑膠紙，將烤盤疊在上面，然後放入冷藏室中冷卻變硬。請保存在 10～15℃的場所或是冷藏室中。

1

2

巧克力板的應用③

單面上色

〔材料〕

黑巧克力（經過調溫）／
液體色素*（紅色）／
色粉（青銅色）

*色粉和可可脂的混合物。

〔器具〕

烤盤／ Guitar 塑膠紙／毛刷／
抹刀／直尺／
小刀／ OPP 塑膠紙

1 首先將液體色素（紅色）加熱至約45℃之後再調整成約40℃。

2 將 Guitar 塑膠紙貼在烤盤的背面。在靠近 Guitar 塑膠紙其中一端的地方倒入少量的①，使之呈帶狀，然後將毛刷左右刷動，像是要留下細線般的刷痕一樣薄薄地刷開。持續刷動直到光澤消失，變為霧面的質感為止。就這樣暫置一旁備用。

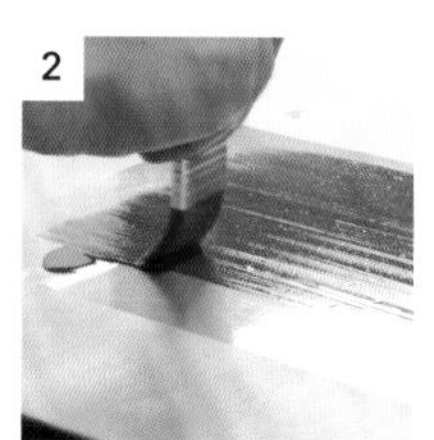

3 以毛刷沾取少量的青銅色色粉，輕撫過②的表面上色。

► 疊上像青銅色之類發色佳的色粉的話，紅色的發色程度也會變好，比較不會被黑巧克力的深褐色蓋過去。如果沒有那樣的色粉，使用白色的色粉也 OK。將毛刷與在②中製造出來的線狀刷痕呈60度左右角刷動，色粉就會牢牢地附著在線狀的痕跡上面。

4 在靠近③其中一端邊緣的地方倒入巧克力，使之呈帶狀，以抹刀薄薄地抹開後，就這樣暫置一旁備用。

► 搭配黑巧克力可以營造出高貴的感覺，搭配白巧克力則會營造出華麗的感覺。

5 碰觸巧克力的表面，確認是否變得不會沾手，再趁著還沒有完全變硬的時候，將直尺貼放在上面，切成想要的大小。

6 蓋上 OPP 塑膠紙，將烤盤疊在上面，然後放入冷藏室中冷卻變硬。請保存在10～15℃的場所或是冷藏室中。

巧克力板的應用④

雙面上色

〔材料〕

黑巧克力（經過調溫）／
液體色素*（綠色）／
色粉（金色）

*色粉和可可脂的混合物。

〔器具〕

烤盤／ Guitar 塑膠紙／毛刷／
擀麵棍／水滴形壓模／ OPP 塑膠紙

1 首先將液體色素（綠色）加熱至約45℃之後再調整成約40℃。

2 將2張 Guitar 塑膠紙並排貼在烤盤的背面。分別在靠近其中一端邊緣的地方倒入少量的①，使之呈帶狀，然後將毛刷左右移動，像是要留下細線般的刷痕一樣薄薄地刷開。持續刷動直到光澤消失，變成霧面的質感為止。就這樣暫置一旁備用。

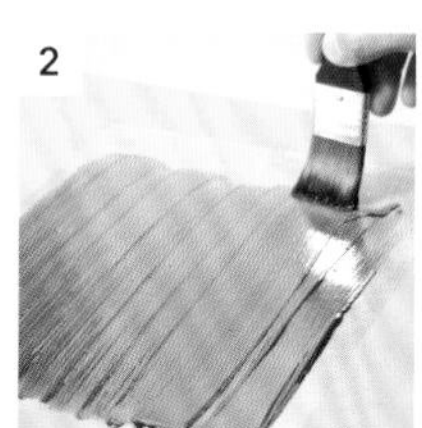

3 以毛刷沾取少量的金色色粉，輕撫過②的表面上色。

4 在③的其中一張靠近邊緣的地方倒入巧克力，使之呈帶狀。再將③的另一張已經上色的那面朝下，一邊排除空氣一邊重疊在一起。放上擀麵棍，以按壓的方式從其中一端朝著另一端滑動，將巧克力薄薄地擀開。

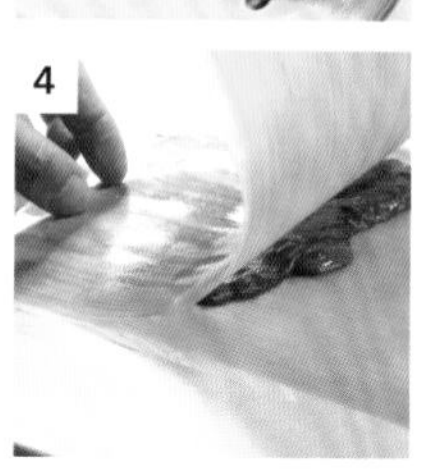

5 趁著還沒有完全變硬的時候，將水滴形壓模從上面用力壓下去。

► 不必切開 Guitar 塑膠紙，而是以壓出溝槽的感覺按壓壓模，就能切斷巧克力。

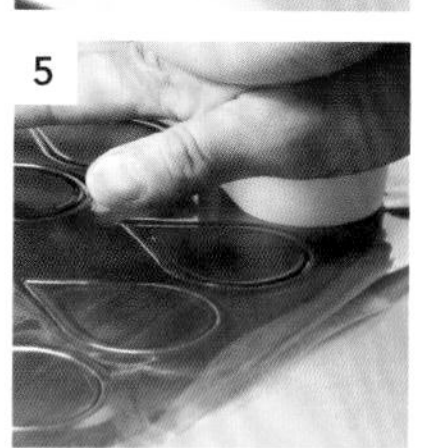

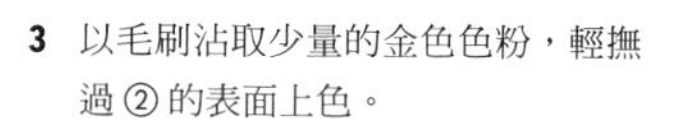

6 將烤盤疊在上面，然後放入冷藏室中冷卻變硬。請保存在10～15℃的場所或是冷藏室中。

《LESSON 2》

基本的巧克力工藝

圓滾滾、形狀很可愛的刨花、法文稱為「Éventail」的華麗扇形、給人纖細印象的螺旋，這些都是最基本的形狀。不論哪一種，都是十分適合運用在想要表現動態時的工藝。

刨花
Copeau

〔材料〕

黑巧克力
（磚狀／恢復至常溫）

〔器具〕

吹風機／烤盤／OPP塑膠紙／環狀乳酪刀

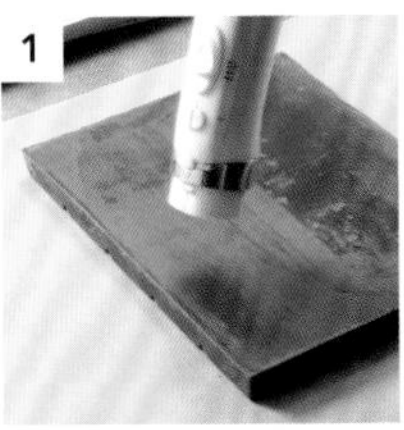

1 將吹風機貼近已經恢復至常溫的巧克力表面，加熱至出現少許光澤為止。
► 雖然不會融化，卻能調整成不會太硬的狀態。太軟的話就無法削成刨花，太硬的話則無法捲成漂亮的圓形。

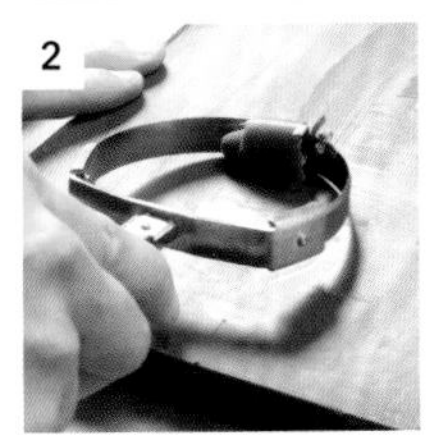

2 將環狀乳酪刀貼著①，筆直地往近身處拉動，將表面薄薄地削下來。
► 筆直地拉動便能自然地捲成圓形。以圓形圈模代替乳酪刀使用也OK。

3 稍微整理一下形狀，放在鋪有OPP塑膠紙的烤盤上，然後置於室溫中或冷藏室內讓它變硬。

巧克力的表面太硬的話，會如照片所示，削出沒有捲曲的帶狀巧克力，因此事前先適度地軟化很重要。

螺旋
Spiral

〔材料〕

黑巧克力（經過調溫）／消毒用酒精

〔器具〕

噴霧瓶／蛋糕透明塑膠膜／裝飾木紋刷（製造紋路的器具）／擀麵棍

1 用噴霧器將消毒用酒精噴在作業台等處，然後貼上蛋糕透明塑膠膜。

2 在其中一端的邊緣放上少量的巧克力，用裝飾木紋刷輕撫好幾次，接著在蛋糕透明塑膠膜上拉出筆直的橫線，製造紋路。就這樣暫置一旁備用。
► 如果以抹刀抹開之後，再以裝飾木紋刷製造紋路的話，巧克力會變薄，強度也會變弱。因此將裝飾木紋刷稍微立起來，一邊拉出橫線一邊製造紋路的話，巧克力就會呈現適當的厚度。

3 碰觸巧克力的表面，確認是否變得不會沾手，再趁著還沒有完全變硬的時候，連同蛋糕透明塑膠膜拿起來，捲在擀麵棍等器具上面。把蛋糕透明塑膠膜朝向外側捲起來，或是朝向內側捲起來，視個人喜歡什麼樣的成品而改變。置於冷藏室中冷卻變硬。
► 如果把蛋糕透明塑膠膜朝向外側捲起來，表面會很光滑，如果朝向內側捲起來，表面則會呈現霧面的感覺。

4 剝下蛋糕透明塑膠膜，切成想要的長度之後使用。

扇形
Éventail

〔材料〕
白巧克力
（調整成約 45℃）

〔器具〕
烤盤（調整成約 40 ～ 45℃）／抹刀／三角抹刀／ OPP 塑膠紙

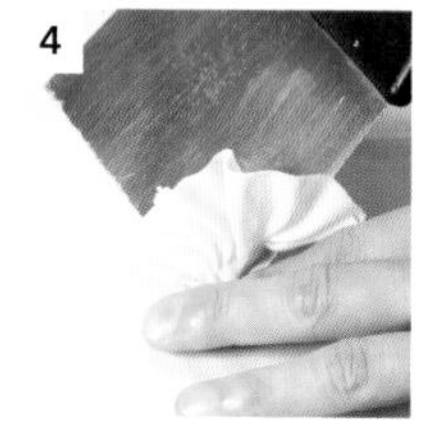

1 將已經調整成約 40 ～ 45℃的烤盤翻面，放上已經調整成約 45℃的巧克力。以抹刀在上面滑動好幾次，抹開成有點透明的薄度。就這樣暫置一旁備用。
▶ 將烤盤事先加熱是為了避免在抹開巧克力的時候，巧克力的溫度下降，變成已經調溫過的狀態。如果變成已經調溫過的狀態的話，就無法乾淨俐落地從烤盤上剝下來，也無法形成有皺摺的扇形。不過，也要注意加熱過度的話，巧克力會變色。

2 碰觸巧克力的表面，確認是否變得不會沾手，再蓋上 OPP 塑膠紙，以免空氣進入。將烤盤疊在上面，然後在冷藏室中放置 3 ～ 4 小時。
▶ 巧克力變乾之後會變得不易進行作業，所以要貼上 OPP 塑膠紙。

3 從冷藏室取出之後就這樣暫置一旁備用，以三角抹刀削下少許的邊緣部分，確認狀態。如果可以順暢地削成柔軟的帶狀就 OK 了。
▶ 如果切口變成鋸齒狀，表示巧克力太硬。相反的，如果變成厚塊則是太柔軟了。

4 將巧克力呈縱向放在作業台上，再將三角抹刀的邊邊斜抵著近身處的巧克力邊緣，接著稍微滑入巧克力的下面，另一隻手的食指則從巧克力的上面頂住三角抹刀的邊邊，再向前方滑動。以一定的寬度適度地製造皺摺，削切出扇形。

比較

左邊的例子是巧克力太軟，結果形成厚塊的部分。以適當的溫度削切，就能削出像右邊那樣，具有漂亮皺摺的扇形。

NG

巧克力太硬的話，切口就會變成鋸齒狀。

《 LESSON 3 》

富藝術感的巧克力工藝

帶有透明感的花瓣惹人憐愛，粗獷的樹木則充滿朝氣。不同的基本圖案會形成不同的印象，這點也正是巧克力工藝的樂趣所在。還可以運用在店內裝飾或陳列用的基座等處。

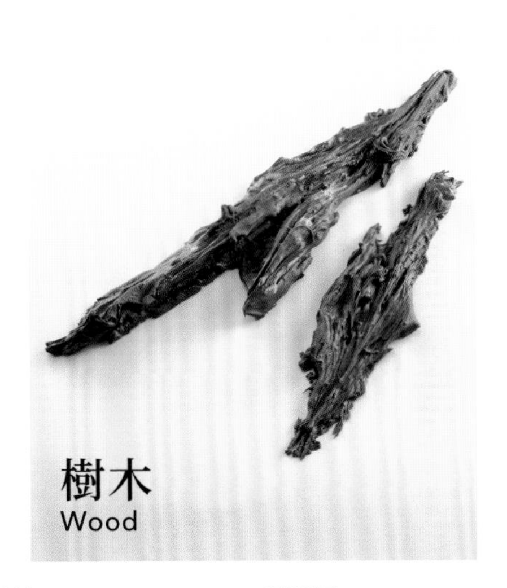

樹木
Wood

〔材料〕

黑巧克力
（調整成約 45℃）

〔器具〕

OPP 塑膠紙／烤盤／
三角抹刀

1 以三角抹刀舀起一堆已經調整成約 45℃的巧克力，放在貼有 OPP 塑膠紙的烤盤上。攪拌至像柔軟的黏土一樣的狀態。

2 在另一個貼有 OPP 塑膠紙的烤盤上放置少量的 ①。以用三角抹刀咚咚碰撞的感覺敲打巧克力，使之漸漸成為細長的形狀。置於室溫中或冷藏室內變硬。

▶ 這裡在成形時刻意做得很粗糙，愈粗糙愈能夠表現出天然樹木的質感，甚至做成塊狀也 OK。中途可以增加巧克力的分量，或是混入巧克力刨花，也會變成獨特的樣貌。

▶ 使用空氣噴槍等將表面噴成綠色，就會看起來很像是長了青苔。

網狀
Net

〔材料〕

黑巧克力
（調整成約 45℃）

〔器具〕

烤盤（冰涼）／圓錐形紙袋
／抹刀／ OPP 塑膠紙

1 將放在冷凍庫中變得冰涼的烤盤翻面，然後將已經調整成約 45℃的巧克力填入圓錐形紙袋中，迅速擠成網眼的樣子。

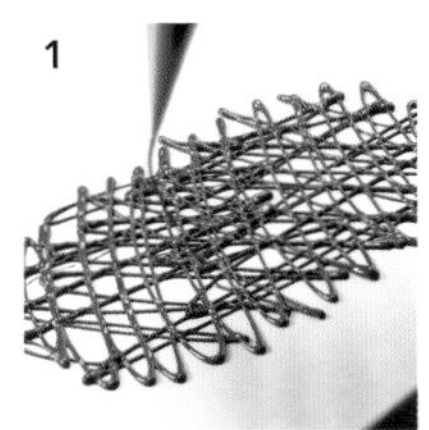

2 待稍微凝固，表面的光澤消退、變成霧面的狀態之後，將抹刀插入巧克力底下，剝離烤盤。

3 用手捲成一圈又一圈。放在鋪有 OPP 塑膠紙的烤盤上，然後置於冷藏室中冷卻變硬。

▶ 捲好之後將兩端摺起來就會變成四方形的網。因為容易毀損，所以請細心地處理。

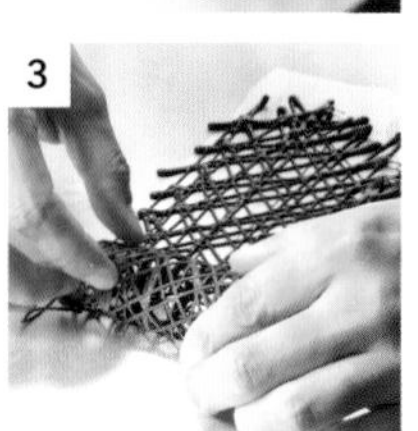

《 LESSON 4 》

曲線很美的「擠花」和「塑形」

將巧克力這種素材的特性發揮得淋漓盡致的精細工藝。既可以像奶油霜一樣擠出花紋，也可以像黏土一樣揉捏塑形……總之可以十分隨心所欲地設計，因此也可以表現出平滑美麗的曲線。

擠花・星形擠花嘴
Squeeze

〔材料〕
黑巧克力（調整成約 45℃）／消毒用酒精／色粉（金色）

〔器具〕
缽盆／星形擠花嘴／擠花袋／OPP 塑膠紙／烤盤／毛刷

1 將已經調整成約 45℃的巧克力放入缽盆中。
► 因為未經調溫的巧克力不易凝固，所以便於作業，但是容易產生脂霜（可可脂融化後變成白色結晶的現象）。已經調溫過的巧克力，雖然強度高，不易產生脂霜，但是容易凝固，所以必須迅速地進行作業。

2

3

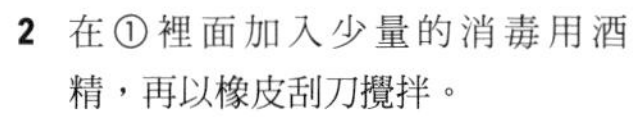

2 在①裡面加入少量的消毒用酒精，再以橡皮刮刀攪拌。
► 改以威士忌等酒精濃度高的酒取代消毒用酒精也 OK。不過，消毒用酒精的揮發性高，比較容易做出狀態好的成品。

3 攪拌至產生像巧克力甘納許那樣的黏性為止。稍微聚攏起來，會殘留攪拌過的痕跡那樣的硬度就 OK 了。

4

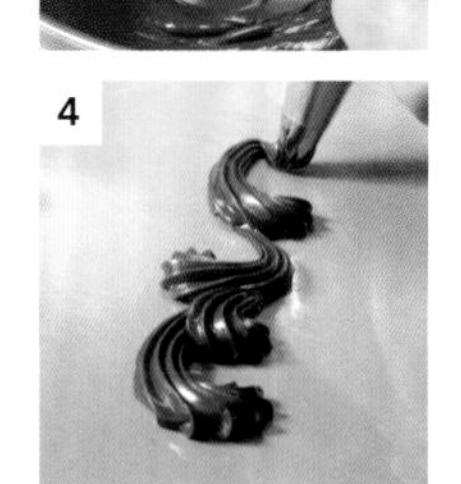

4 將③填入裝有星形擠花嘴的擠花袋中，然後在貼有 OPP 塑膠紙的烤盤上擠出自己想要的花紋。置於冷藏室中冷卻變硬。

5 以毛刷沾取少量的金色色粉，在凹凸不平的花紋中凸起的部分上色。
► 不要把全體塗滿金色色粉，也要保留巧克力的褐色，展現巧克力工藝的本色。只為凸起的部分上色也可以強調立體感。

塑形
Modelage

〔材料〕
黑巧克力（恢復至常溫）

〔器具〕
食物處理機／OPP 塑膠紙／烤盤／圓形圈模／網架

《塑形 ①・棒狀》

1 將已恢復至常溫的巧克力以食物處理機攪碎。

1

2 持續攪拌至全體變成柔軟的黏土狀，並且可以攪成一整團為止。

2

3 取少量的②揉圓之後放在作業台上。以手掌搓滾成棒狀，把其中一邊的前端搓尖。

3

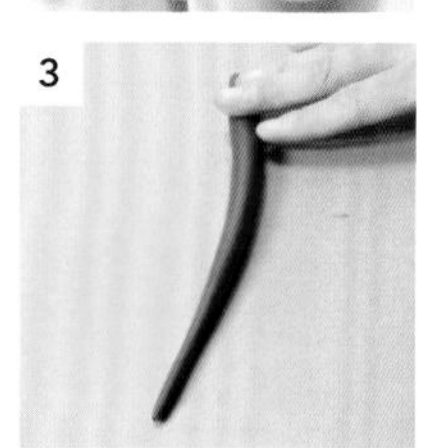

4 彎成圓弧形之後調整形狀，放在鋪有 OPP 塑膠紙的烤盤上，就這樣放置一陣子直到巧克力變硬為止。也可以利用圓形圈模等彎成圓弧形。
► 剩下的巧克力變硬的話，就再次以食物處理機攪拌，變軟之後再予以成形。但要注意若攪拌過度的話，巧克力會因攪拌時所產生的熱度而開始融化。

《塑形 ②・壓紋》

1 進行「塑形①」的步驟①～③。趁巧克力還沒變硬時將網架放在上面，稍微前後移動網架，壓出紋路。
► 請注意，如果太用力的話會把巧克力切斷。此外，也可以在做出喜歡的形狀之後，再以壓模按壓製造出花紋，或是夾在 Guitar 塑膠紙之間擀薄之後，做成花瓣的形狀。

1

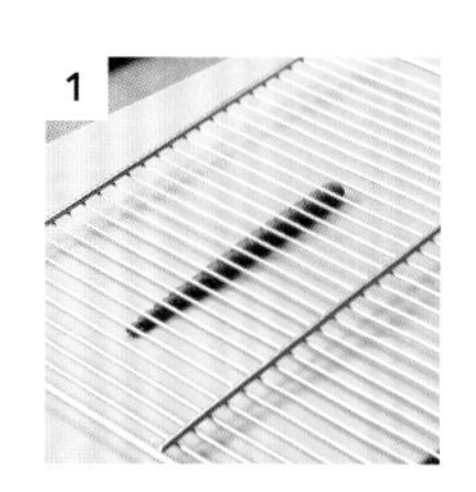

巧克力工藝

初級篇

只利用巧克力原本的顏色
來表現光澤的明暗和立體感

Beginner

不使用色粉等製作，
而是以巧克力本身的顏色來表現。
使用的巧克力有黑巧克力、牛奶巧克力、
金黃巧克力、白巧克力這 4 種。
意識著整體的明暗和濃淡，
在主角的花朵頂端使用白巧克力，
讓它最為明亮耀眼。
以 2 種顏色的巧克力做成大理石紋的葉片，
與攪打成鬆散狀的 4 色巧克力混合而成的石頭，
讓色調有更多變化，
藉此表現立體感和華麗感。高度約 70cm。

表現的方法有無限多種。使用手邊的器具來挑戰吧！

聽到「巧克力工藝」時，腦海中想到的是必須把各種專用器具準備齊全，或是得要製作原創的矽膠模具，有很多辛苦的準備工作和高額的費用，都還沒開始動手，應該就覺得困難重重了吧？別擔心！只要多花點心思，就既可以壓低費用，也能輕鬆製作。

我開始從事巧克力工藝的時候，從寺井則彥師傅（「Pâtisserie Aigre Douce」的店主兼主廚）那裡學到了方法，知道如何利用保麗龍製作出將巧克力成形的模具。我以自己的方式改良那個方法，最後使用的就是現在的這個方法。這次介紹的作品，它的支柱和基座也是以保麗龍模具製作而成的。比起原創製作的矽膠模具等，我這個方法能夠以金額相差懸殊的便宜價格完成作品即是最大的優點。製作模具的同時，也能夠製作出成品的模型。以平面的嵌板製作出來的巧克力零件，打磨之後會產生獨特的質感，或是把配件等堆疊在一起，也都能讓巧克力的表現範圍更加寬廣。至於其他的器具，其實在最初階段，也幾乎不太需要使用到價格昂貴的器具。

將基本的器具準備齊全之後，就只剩下在製作零件時要了解巧克力有「凝固後收縮」這個特徵，還有組裝時要考慮強度的平衡而已。巧克力的強度並不高，所以如果主體的工藝分量做得太過沉重，在黏接的時候支柱就會崩塌。一般來說，黑巧克力的強度較高，白巧克力的強度則較低。雖然說確認強度平衡的方法，不能光是用口頭說明，而是要重複製作好幾次才能學會。我自己也是歷經了很多次的失敗，親身體驗之後才漸漸掌握訣竅。

儘管如此，巧克力工藝正是因為沒有正確的解答才充滿樂趣。即使是相同的巧克力也有從霧面光澤到閃亮光澤等，充滿各種不同的變化。也可以把薄度做到能透光的程度，表現明亮感，表現的方法可說有無限多種。不管運用什麼樣的器具、方法都可以，請務必自由地動手試試看。

PROCESS | 流程

1.	構想・設計圖	決定主題，構思設計和色調。 畫出設計圖，以便將創意具體化。
2.	製作模型和巧克力的模具	使用保麗龍製作模型和模具。
3.	製作零件	使用模具，或是設計擠花方式等，以巧克力製作零件*。
4.	基座和支柱的加工・組裝完成（放置24小時以上）	一邊加工製作基座和支柱的零件，一邊組裝完成。
5.	主體和配件的組裝	黏接主要的零件，再添加配件的零件之後就完成了。

*使用黑巧克力、牛奶巧克力、金黃巧克力、白巧克力這4種巧克力。不論是哪種巧克力事前都要先經過調溫處理。

SKETCH | 設計圖

將最重要、最想呈現的花朵安排在中央的位置，再以葉片和藤蔓等配件，營造出立體感和全體的動感。為了做出乍看之下令人印象深刻的構造，要將主體以外的配件沿著支柱配置，這點十分重要。如此一來，觀賞者的視線就不會漫無目標地四處飄移，還可以襯托出曲線美麗的流動感，和配件營造出的立體感，更加提升作品的存在感。

製作
模型和
巧克力的模具

把設計的形狀畫在保麗龍上面裁切下來，切下來的部分作為模型，剩餘的部分則作為倒入巧克力的模具。

〔器具〕

雙面膠：為了使巧克力容易脫模，可以利用雙面膠光滑的表面。這裡使用的是寬度1cm的雙面膠。

保麗龍：使用保麗龍的隔熱材料作為模型或巧克力的模具。這裡使用的是厚1cm的「Styrofoam IB」（陶氏杜邦）。不但堅固耐用，而且容易加工，比起一般的保麗龍，比較不容易切割出細渣，這些優點都是這個素材的魅力所在。

筆刀：比起一般刀刃大的美工刀，筆刀更容易切割出纖細的弧度等。

1 用原子筆在保麗龍上畫出設計的形狀，再用筆刀沿著那條線切下形狀。切下來的部分Ⓐ作為模型，其餘的部分Ⓑ則作為巧克力的模具。

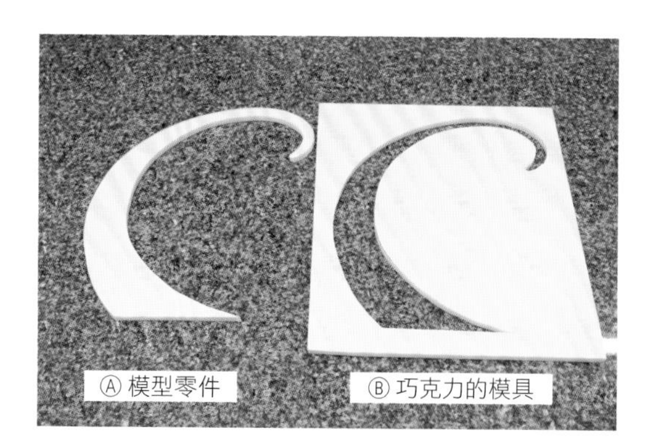

▶筆刀一定要對著保麗龍垂直切入後，再切下形狀。切面是垂直的話，巧克力凝固之後就可以很容易脫模。

2 製作模型。將模型用的各個零件（下圖左上）以雙面膠貼合（左下），然後組裝起來（右）。如果有模型的話，實際組裝巧克力的零件時，就可以一邊看著這個模型一邊確認黏接位置，完成作業。

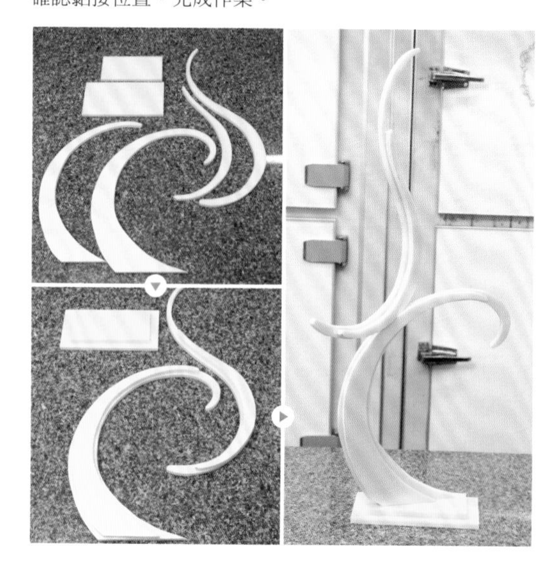

▶巧克力工藝必須一邊考慮到重量的平衡，一邊迅速進行作業。為了提升組裝完成的效率，絕不能缺少模型。因此，在模型的組成階段，每個零件的平衡都不能含糊帶過，而是仔細考慮過後先行調整，這點十分重要。在為了觀看全體形狀而做出的模型中，支柱的零件只需要簡單地把 2 片重疊在一起就好，但是在實際的作品中，則是要疊合 3 ～ 4 片巧克力的零件。

3 製作巧克力的模具。拔除模型零件後，在模具的切面處貼上雙面膠。保留雙面膠外側光滑的表面，再以雙面膠貼住保麗龍細小粒子的凹凸不平表面，這樣一來就很容易從模具中取出巧克力。

▶ 有角度的地方，可以利用以筆刀的刀片抵住等方法，稜角分明地貼上雙面膠。

製作零件

分別使用 4 種顏色的巧克力，善加利用巧克力這種素材的色調，製作基座和支柱、主角的花朵、配件等的零件。

《 **基座和支柱** 》

《 **花朵** 》

《 **配件** 》

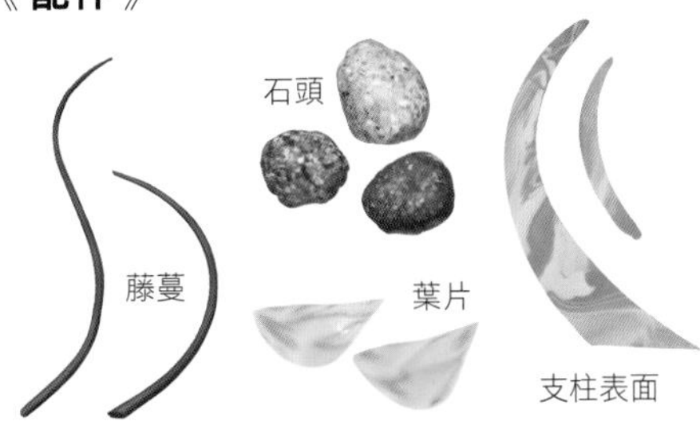

〔器具〕

冷卻噴霧器：讓用來黏接的巧克力瞬間冷卻的噴霧器。用於黏接面小又不穩定的部分，以及想讓黏接處立即凝固以便做出理想角度等場合。

噴射打火機：使用的是儲管體積小，火焰的前端卻擁有高達 1400℃ 火力，雕刻金屬用的打火機。火焰前端不易抖動，範圍細小，可以精準燒融微小的地方。

基座和支柱

1 以噴霧器將酒精噴在烤盤上，然後以刮板一邊將空氣排出，一邊使 OPP 塑膠紙緊貼住烤盤。接著將做好的模具以雙面膠黏接，將填入擠花袋中的巧克力擠入模具中。關於基座和支柱，這次將會使用黑巧克力製作。

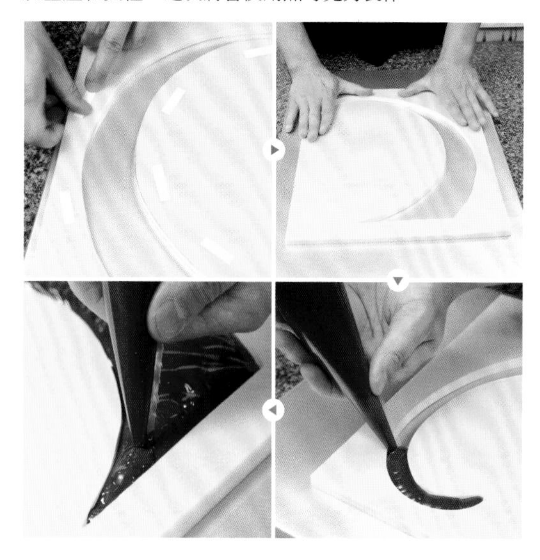

▶ 因為工藝品表面的巧克力必須做得漂亮平滑，所以要讓烤盤那面成為工藝品的表面。請一邊注意模具的方向，一邊將模具黏接在烤盤上。因為巧克力凝固之後，要從烤盤取下模具時，必須盡可能降低對巧克力造成的負擔，所以模具和烤盤的黏接點要控制在最小的範圍。

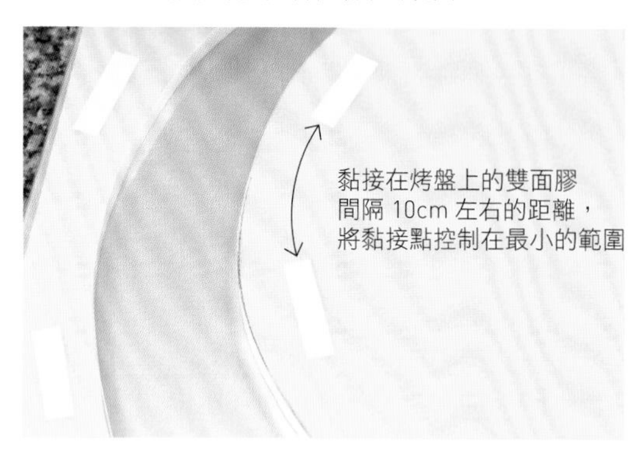

2 連同烤盤在作業台上敲打以便消除氣泡，將表面（零件的黏接面）弄得平整。置於 10～15℃（以下同）的溫度帶中冷卻凝固。放在冷藏室中凝固的話，與室溫之間的溫差有可能產生結露的現象，所以不要長時間放在冷藏室內。此外，根據巧克力的特性，長時間冷卻凝固的話會不容易脫模。

3 巧克力的表面變得不沾手，且呈霧面狀態之後，即可脫模。卸除了模具後，用小刀削掉溢出模具範圍的少許巧克力。

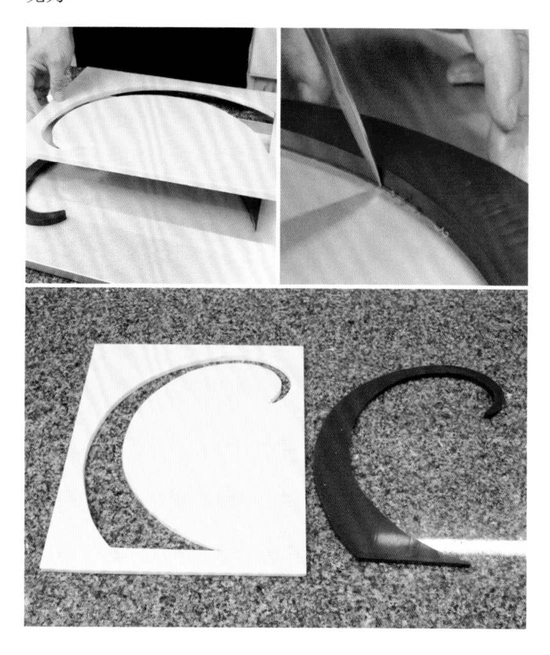

▶ 這個時候，巧克力正值輕輕一折就會稍微彎曲的柔軟度。如果要削除邊緣，或是在表面製造削過的紋路，可以選在這個時候加工，作業將會進行得很順利。

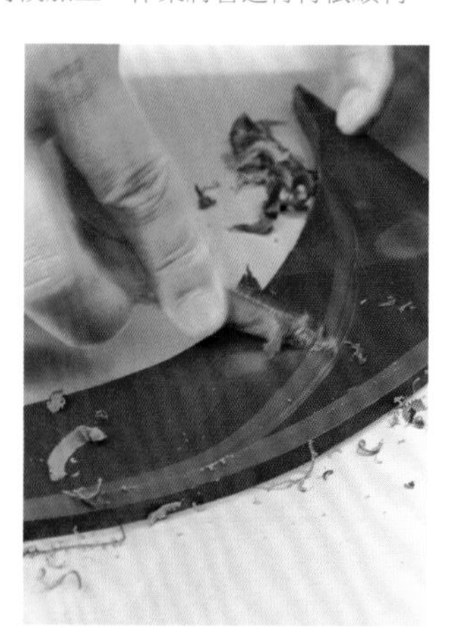

花瓣

1 將黑巧克力在 OPP 塑膠紙上擠出直徑 1cm 左右的圓形，趁巧克力還沒凝固的時候，以小刀的刀背在圓形上面劃出一道直線的紋路，讓巧克力變成水滴形。

2 趁巧克力還沒凝固的時候，連同 OPP 塑膠紙放入長條形慕斯模中，將花瓣的尖端相對，在製造出平緩弧度的狀態下凝固。

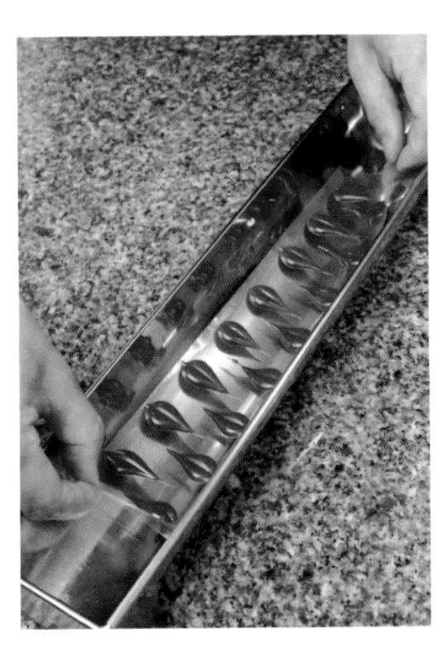

3 將牛奶巧克力、金黃巧克力、白巧克力也各自進行 ① ~ ② 的作業，製作出共計 4 種顏色的花瓣。想像著花朵成形時的立體感，在 ① 調整巧克力擠出的分量，如照片所示，分階段改變花瓣的尺寸大小。

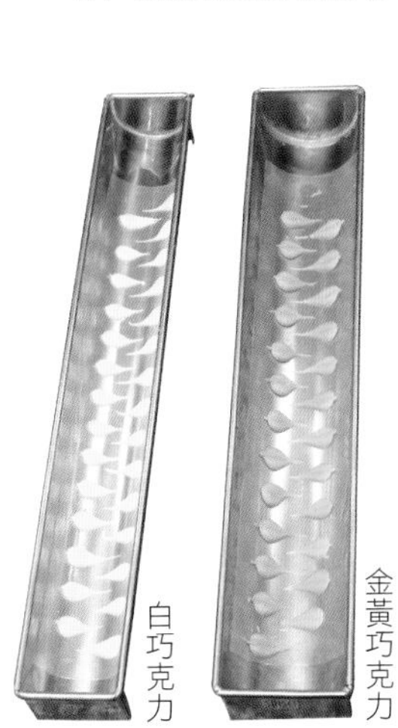
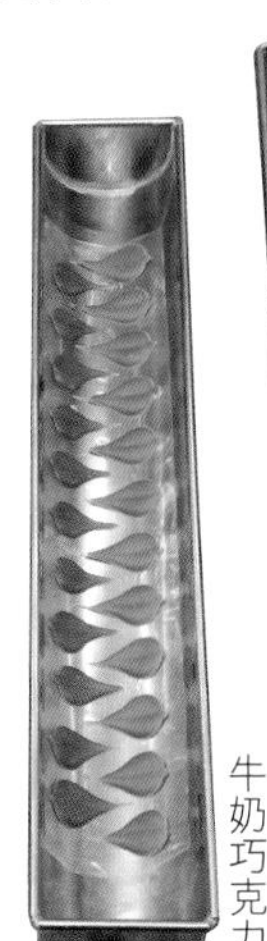
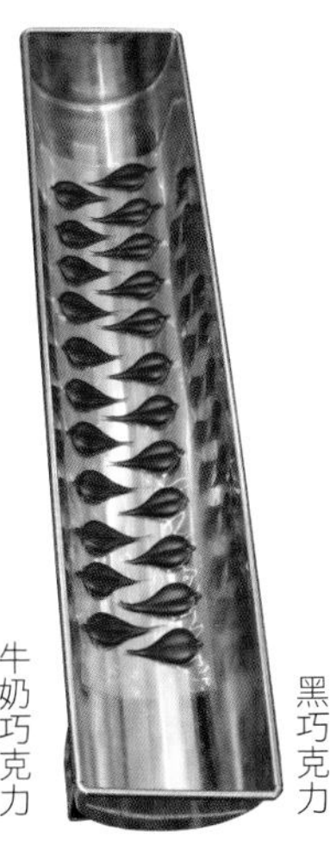

作為花朵軸心的球體

1 以直徑 6cm 和直徑 7.5cm 的半球形模具，分別製作 2 個黑巧克力和白巧克力的半球體。將巧克力擠滿半球形模具，連同模具敲打作業台以便排出空氣。放置一會兒，直到與模具接觸的部分凝固為止。目標厚度為 2mm 左右。

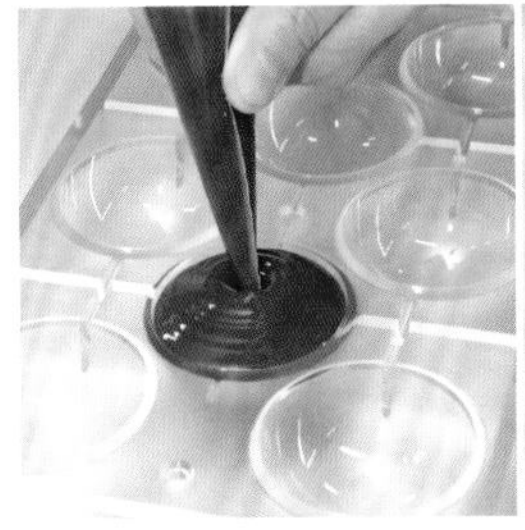

2 把模具翻轉過來，取出還沒有凝固的巧克力。將形成半球體切面的部分朝下，放置在烤盤上的圓形圈模上面，就這樣放置一會兒，讓巧克力凝固。這段期間，趁巧克力還很柔軟，以刮刀將邊緣多餘的巧克力筆直地削除。待巧克力凝固之後，再從模具中取出。

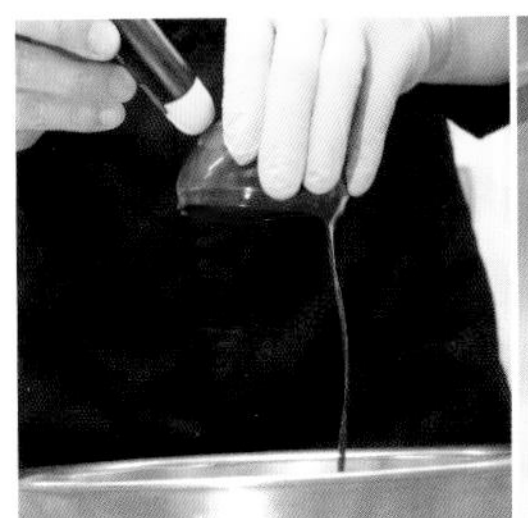

▶ 刻意以模具切面朝下的狀態放置，讓邊緣的部分產生厚度。如此一來，削除邊緣多餘的巧克力之後，邊緣就會留下恰當的厚度。如果這個厚度太薄，黏接兩個半球體時就會變得很困難。

3 在步驟 ④ 中因為要貼合白巧克力和黑巧克力的半球體，做成雙色球體，為了避免做好球體時會滾動，所以先在黑巧克力的半球體中擠入適量的巧克力當作「重心」。

4 將白巧克力和黑巧克力的半球體黏接起來。

► 使用噴射打火機貼著烤盤加熱，以像是在烤盤上畫出半球體圓周般的形狀。將各個半球體的邊緣貼著加熱過的圓形部分，讓它稍微融化，再將各個半球體融化的邊緣黏接起來。

組裝花朵

1 從作為軸心的球體上方開始，用巧克力把花瓣的零件依照順序一圈一圈地黏接上去。

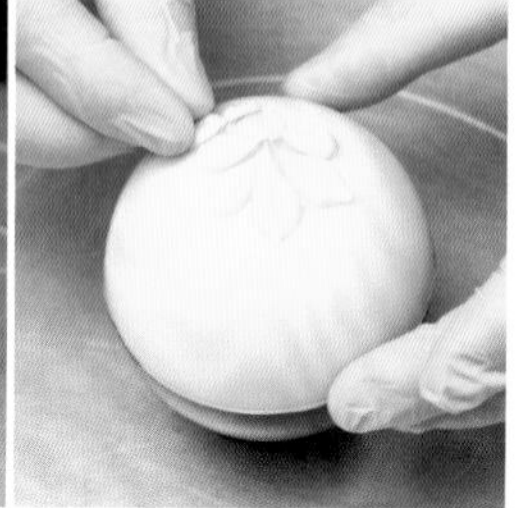

► 黏接用的巧克力，如果使用與球體相同的顏色，那麼完成後，即使稍微看到黏接面也不會覺得不協調。希望不論從哪個位置觀賞它都能是美麗的（立體）花朵。

► 從上方依照順序改變顏色，製造漸層感。考慮到甜點工藝全體的明度設定，這次為了讓花朵的頂端最明亮，因此將白色的花瓣配置在頂端，隨著位置愈往花朵的下方走，逐漸改變花瓣的顏色，使色調變暗。

► 意識到球體的中心，以花瓣漸漸綻放為概念，設定黏接起來的角度。花瓣尖端的輪廓以像是畫了一道漂亮弧線般安裝上去，是讓花朵可以展現出美麗姿態的訣竅。

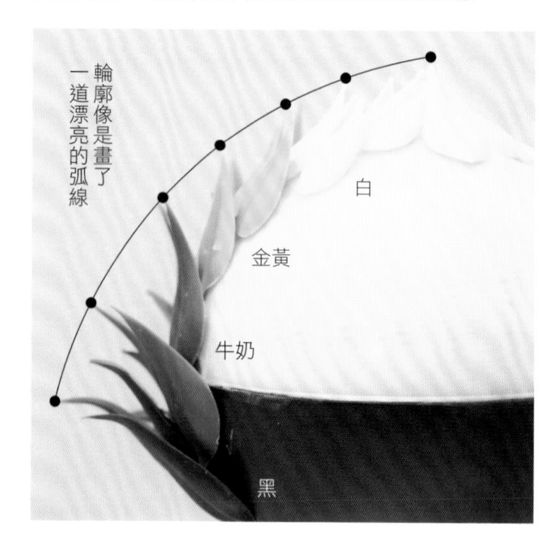

CHECK：固定

將花瓣黏接在球體上面之後，就請注意不要去移動到它。並且要放置 24 小時以上（巧克力完全結晶化所需的最短時間），就會黏接得更堅固。

配件 ① 葉片

1 依照順序將牛奶巧克力、金黃巧克力、牛奶巧克力擠在 Guitar 塑膠紙上，然後以 Guitar 塑膠紙蓋住，用擀麵棍擀平，做出大理石花紋。

2 在開始凝固的狀態下，從 Guitar 塑膠紙的上面以水滴形的壓模按壓出痕跡，然後連同塑膠紙移入長條形慕斯模中，讓巧克力在彎成恰當弧度的狀態下凝固。凝固之後，依照壓模的痕跡剝下巧克力。共準備 3 種不同的尺寸。

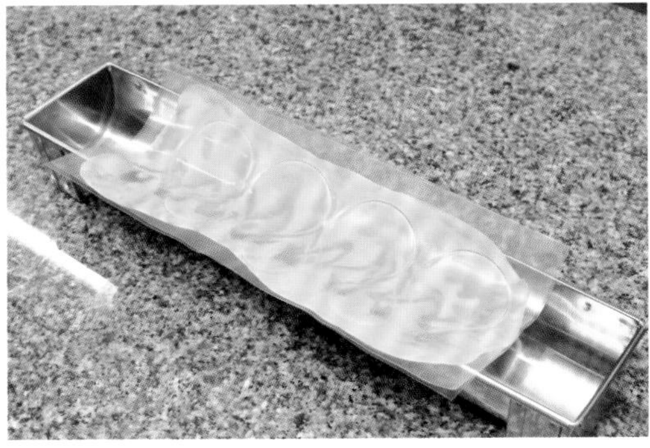

► Guitar 塑膠紙具有伸縮性，密合度也很高，所以即使從上方按壓壓模，也不會把塑膠紙切開，便能留下痕跡。能夠貼著 Guitar 塑膠紙直接保存也是它的優點。

配件 ② 藤蔓

1 將已經恢復常溫的黑巧克力放入食物處理機中攪碎。持續攪拌至全體變成柔軟的黏土狀，直到聚集成一團為止。

2 取少量的 ① 揉圓，然後用手掌在作業台上搓滾，一邊搓成棒狀，一邊使單側的末端變尖。纏繞在圓形圈模上製造弧度，並且就這樣放著讓它變硬。

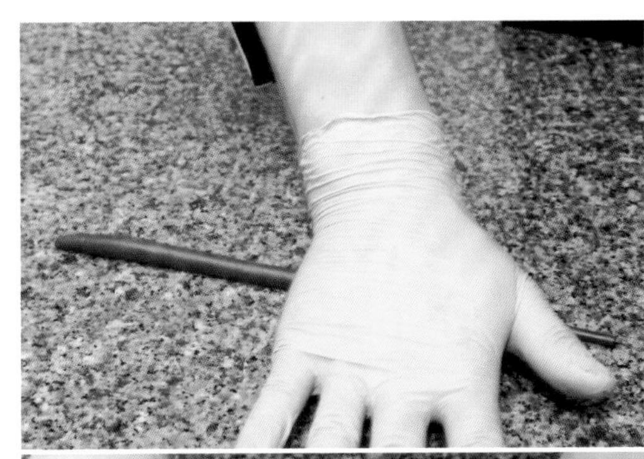

配件 ③ 石頭

1 將黑巧克力、牛奶巧克力、金黃巧克力、白巧克力這 4 種顏色的巧克力，放入食物處理機中攪拌至變成如以下照片所示的鬆散狀為止。

2 將 ① 的 4 種顏色混合在一起，放入食物處理機中攪拌至聚集成一團為止。請注意，若攪拌過度的話，顏色會充分混合，最後變成 1 個顏色。改變比例（各種顏色的分量）則可以創造出不一樣的混合色。

3 取少量混合巧克力放在手中，揉圓之後用手指撫摸表面，做成像石頭一樣的形狀。以扭乾水分的冰冷濕布巾搓磨表面，磨出光澤。

配件 ④ 支柱表面

1 先將牛奶巧克力放入鉢盆中，再以湯匙或橡皮刮刀把金黃巧克力呈波狀滴入鉢盆中，然後以橡皮刮刀輕輕混拌，拌成大理石狀的花紋。

2 將適量的巧克力倒在 Guitar 塑膠紙上，以抹刀均勻地抹成薄薄一層。將 Guitar 塑膠紙朝下，放在烤盤上。

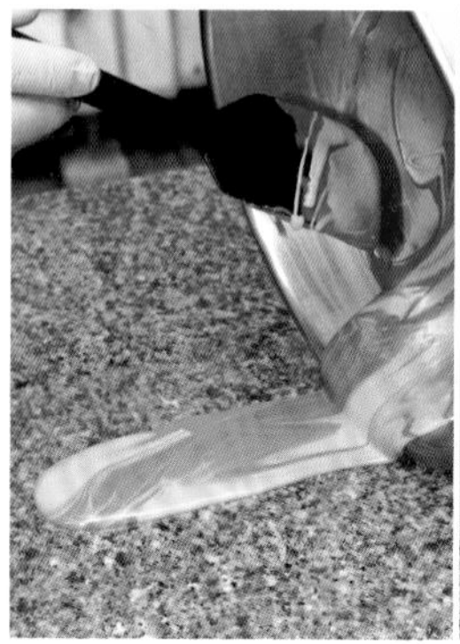

3 表面變乾之後，把事先準備好的硬紙板紙型放在上面，以小刀沿著紙型切入切痕，然後就放著讓巧克力變硬。變硬之後剝下 Guitar 塑膠紙，沿著切痕取下巧克力。

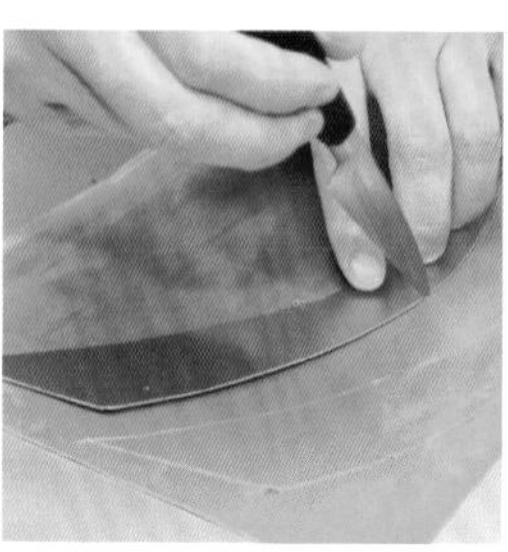
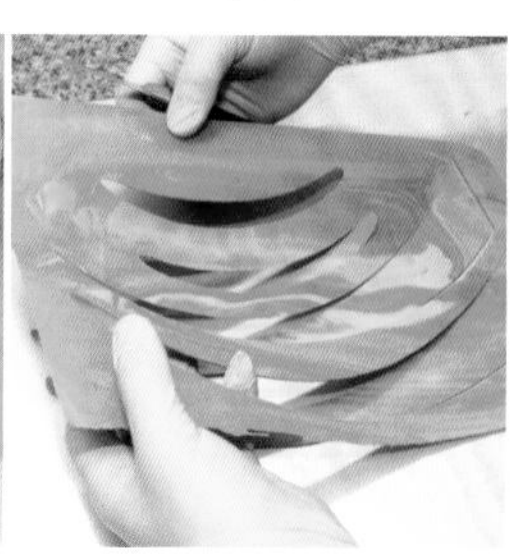

► 因為 Guitar 塑膠紙那面將會成為工藝品的表面，所以先將支柱表面形狀的紙型翻轉過來，再沿著紙型切開。

基座和支柱的加工・組裝完成

支柱是由做出弧度的下部和上部2個部分所構成。下部是以4片零件貼合，上部則是以3片零件貼合。基座是將長方形的平面零件重疊所做成，並將完成的支柱放在基座上面。

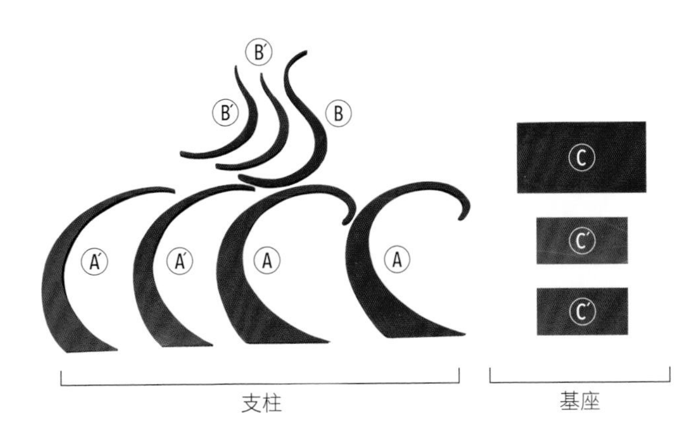

1 製作支柱的下部。將2片Ⓐ黏接起來。再將這2片零件，與OPP塑膠紙側（光滑面）相反的那一面，一同以小刀輕輕削刮，然後以瓦斯噴槍烘烤燒融。並在其中一片擠上黑巧克力，貼合。

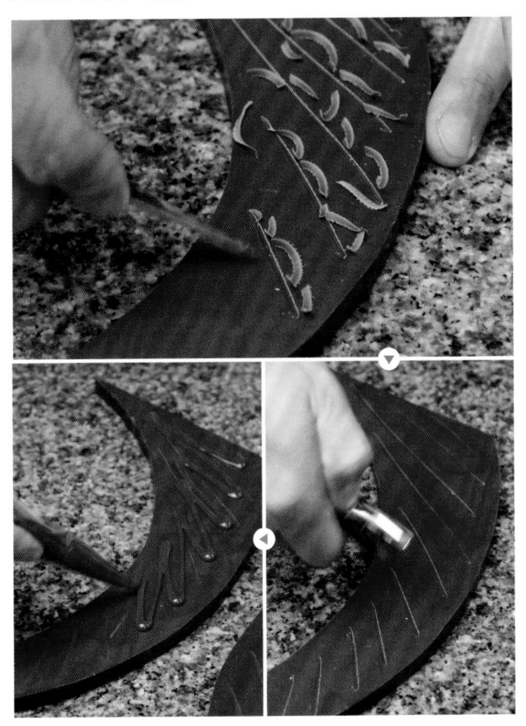

► 削刮巧克力的表面製造凹凸，增加黏接的表面積，然後以瓦斯噴槍燒融黏接面，讓零件輕易便能緊密貼合，如此一來黏接的強度就會變得更堅固。

2 將Ⓐ黏接在①的兩側。先與Ⓐ的弧度稍微錯開位置，決定Ⓐ的黏接位置，再以小刀輕輕劃下痕跡。

3 依照與①相同的作法，削刮黏接面之後烘烤，擠上黑巧克力，貼合。

4 將黑巧克力擠入黏接面的細小縫隙裡，以布巾等拭除多餘的巧克力，同時將表面抹平（填滿縫隙的方法以下同）。這麼一來便可以消除零件的接合痕跡，呈現自然的一體感。

5 製作支柱的上部。依照相同的作法，將Ⓑ貼在Ⓑ的兩側，填滿黏接面的縫隙之後抹平。

6 製作基座。將Ⓒ貼在Ⓒ的兩面，填滿黏接面的縫隙之後抹平。

▶ 將比Ⓒ尺寸小的Ⓒ安排在底部，手指就變得可以插入基座底部，搬運工藝品時會比較輕鬆。

7 將在①～⑥安裝好的零件分別以蒸過的布巾擦拭，將邊緣適度地磨圓，把表面抹平得很漂亮。

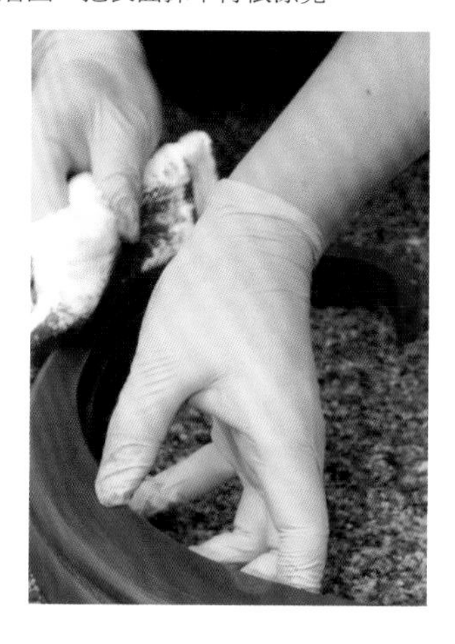

8 將支柱的下部黏接在基座上，填滿黏接面的縫隙之後抹平。

9 將支柱的上部黏接在支柱的下部上。先看著模型來決定位置，並以小刀在黏接部分做記號。

10 輕輕削刮支柱下部的黏接面，將高度與支柱上部的寬度大致相同的圓形圈模加熱，然後按壓在支柱的下部上，使黏接面稍微融化。在該處擠上巧克力，把支柱的上部黏接上去。

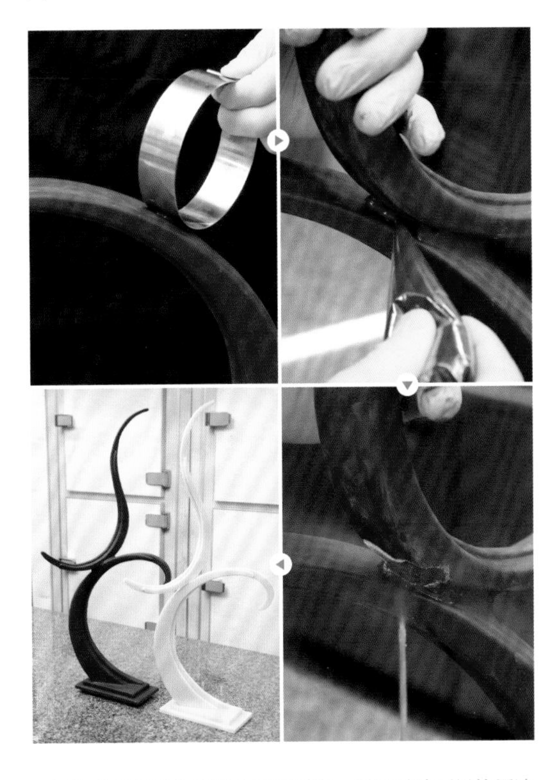

▶ 因為黏接部分的面積小又不穩定，所以這時可以使用冷卻噴霧器，迅速地將支柱的上部固定在理想的角度。

CHECK：固定

至此階段的作業結束之後，就盡可能地不要移動它，放置 24 小時以上，黏接面就會變得更堅固。經過 24 小時之後再進行「主體和配件的組裝」，便可以在更有穩定感的狀態下完成安裝的作業。

主體和配件的組裝

把花朵黏接在支柱的中央，吸引觀賞者的視線，在視線容易停留的位置上安插配件，表現出華麗感和立體感。

《 **主體** 》

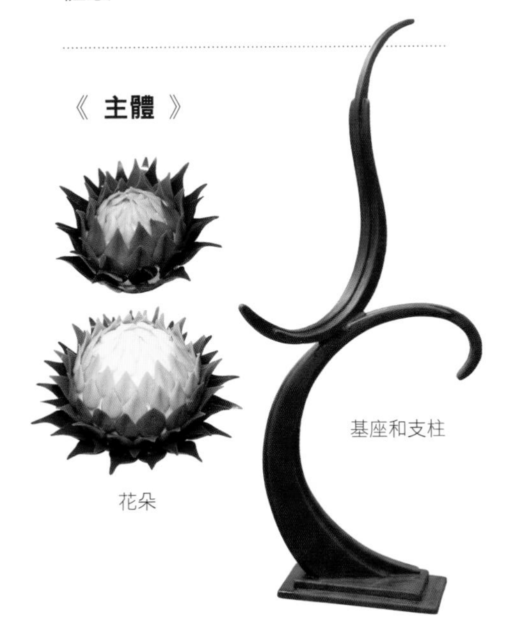

《 **配件** 》

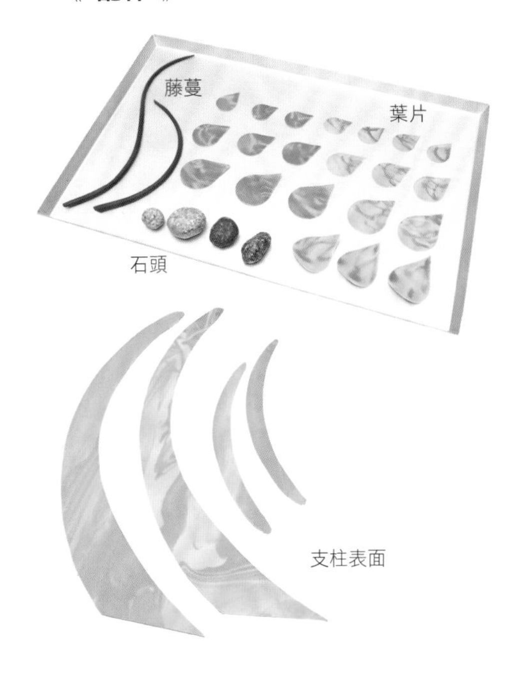

1 將主體的花朵安裝在支柱上。將加熱過的湯匙背面按壓在支柱上，使表面融化，抹圓。這麼一來，作為花朵軸心的球體部分便能剛好吻合支柱的弧度。

2 將巧克力擠在融化後抹圓的部分，把花朵安裝上去。另一朵花也以相同的手法安裝上去。

► 大致決定位置之後就先放上花朵，如果有縫隙就擠入巧克力填滿，然後抹平。決定好理想的角度之後，便以冷卻噴霧器固定住。

3 將花朵固定之後，一邊觀察花朵與支柱全體的平衡，一邊繼續將配件安裝上去。首先，將「支柱表面」分別黏接在支柱的上部和下部。將巧克力擠在「支柱表面」上，再安裝在支柱上面。

4 在藤蔓末端不是尖的那一側塗上巧克力，黏接在支柱上面。在黏接藤蔓時，以強調支柱縱向線條的效果為目標。因為終究是配件，所以為了避免太過搶眼突出，要以沿著支柱的感覺固定住。強調縱向的線條，看起來好像能更自由地舒展。

► 呈現方式的強弱，以「長的零件＞短的零件」的平衡為規則。支柱的上下分別安裝了2根藤蔓（長．短為1組），2組都是強調較長的藤蔓，較短的藤蔓則以輔助長線條的感覺決定位置和角度。

5 在葉片的底部塗上巧克力，黏接在花朵的底部。依照跟④相同的作法，沿著支柱的線條安裝葉片，看起來就像葉片擴展開來一樣。

► 支柱和葉片的輪廓盡可能不要重疊，就能更加提升深度和立體感。

6 將石頭以巧克力黏接在基座上面。

► 這裡也與④相同，安裝時，要注意別讓石頭突出在支柱的輪廓外面。

Column 03

甜點工藝的思考方式 ①

——冨田大介

構圖和流動感

甜點工藝的重點在於漂亮地呈現出作品全體的流動感「使人著迷」，而非只是個擺飾品（objet）。不只是單純地將個別製作的多個工藝合併成單一作品，而是意識到具有流動感的構圖，將工藝組合完成，藉此大為提升甜點工藝的魅力。

作為基礎的構圖大致上分成以下 3 種類型。

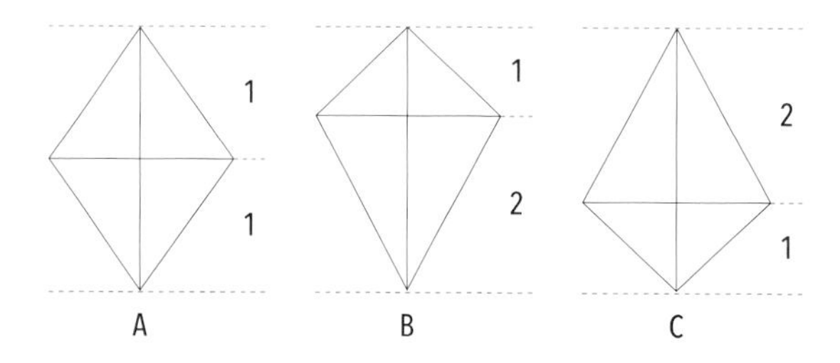

取得平衡的是 A，但實際上這是甜點工藝最難呈現的方式，我個人基本上不會採用這個構圖。而像 B 和 C 那樣，稍微破壞平衡的構圖則比較容易產生流動感，也比較容易使觀賞者留下印象。B 是把重心放在上面，在製作輕巧的作品時效果很好。另一方面，C 的構圖適合沉重、強而有力印象的作品，就像「從下方瞄準獵物的動物姿態」一般，相當符合追求由下往上的縱向流動感之類的作品主題等。

除了考慮構圖之外，以下幾點也會是重點所在。

1. 配件的工藝要沿著基座（支柱）或主體工藝的輪廓安裝上去。
2. 不要安裝太多配件，把空間填得太滿。
3. 嚴禁像是要裁斷流動感一般的安裝方式。

1&2 與善加利用基座（支柱）和主體工藝的流動感有關。此外，如果配件把空間填得太滿，也會失去了「留白」。因為適度的留白也具有襯托工藝品的效果，所以也必須對留白保有意識。第 3 點舉例來説，就是在基座（支柱）製作了弧度平緩的 S 型，形成縱向流動感的同時，卻安裝了製作得像筆直橫軸一樣的零件。如此一來費心製作的 S 型流動感，最後就會白費工夫了。

巧克力工藝

中級篇

利用塑形豐富表情，
運用顏色的疊加增添立體感

Intermediate

以攪拌成黏土狀的巧克力，
製作兔子逼真的骨架，
以及栩栩如生的動作和表情。
重複使用多個同色系的顏色，
上色時製造出漸層，
藉此提升立體感和深度。
以施加金粉使葉脈浮現等方法，
多下一點工夫，
作品全體就會有真實感，而且展現出
更高層次的奇幻氣氛。

即使是現成的模具，也可以多花點心思擴大表現

在初級篇中以保麗龍製作模具，充分活用黑巧克力、牛奶巧克力、白巧克力、金黃巧克力這 4 種巧克力原來的顏色完成巧克力工藝。在中級篇中也使用了相同的手法，把以同樣的模具凝固成形的平面巧克力組裝成立體結構，但這次會以現成模具的型式為基礎，使用以黏土狀的巧克力創作出逼真動物的技術、進行上色等，更加強烈地展現作品的世界觀。

使用以食物處理機攪拌，讓巧克力變成黏土狀進而製作出形狀的「塑形（modelage）」技法，在基礎篇和初級篇中，已經在配件的藤蔓部分介紹過了，這次則是應用在兔子的手腳、耳朵，和臉孔的表情。以腳為例，製作出大概的形狀之後，使用指尖或杏仁膏塑形刀等雕塑，仿照肌肉的樣子。為了呈現出真實感，這也是很重要的作業，需要好好地想像著實物，做出很好的平衡感。因此，如果事先確實地記住實物的容貌姿態，就會進行得很順利。藉著美術人偶來掌握身體的動作等，不是只將眼睛看得到的身體表面表現出來，而是最好要意識到骨架和肌肉的連接來進行製作。以我個人來說，大學時期學習人體素描和測量身體尺寸製作作品的經驗派上了用場。這次會使用手邊的器具，譬如球體或蛋形的現成模具等，來製作頭部和身體，進而以此為基礎，抓住骨架和肌肉動作的特徵，並利用塑形表現出來，就能創造出貓、馬、狗和人等，各式各樣經過變形的動物。

上色方面有 2 大重點，首先是須活用巧克力的質感，不要噴上太多的色素。若能夠留意並且活用巧克力的原色，做出漸層其實就可以了，但是常常在作業中太過全神貫注的話，不知不覺就會噴上太多顏色，導致失去食物的感覺，換句話說，就是會呈現出「塑膠感」，這點是希望各位能多加注意的地方。另一個重點是，想像著光線照射的方式，增加明度和彩度的範圍，製造出漸層。漸層的範圍愈寬廣就愈能表現出深度，增加立體感，做出令人印象深刻的作品。

PROCESS | 流程

1. 構想・設計圖	決定主題，構思設計和色調。 畫出設計圖，以便將創意具體化。
2. 製作模型和巧克力的模具	使用保麗龍製作模型和模具。
3. 製作零件（放置24小時以上）	使用模具，或是設計擠花方式等，以巧克力製作零件*。 一邊替葉片上色一邊製作。
4. 基座和支柱的加工・組裝完成（放置24小時以上）	一邊加工製作基座和支柱的零件，一邊組裝完成。
5. 上色	善加利用巧克力原本的顏色，為基座、支柱和花朵上色。
6. 主體和配件的組裝・完成上色	黏接主要的零件，為主體的兔子上色。 添加配件的零件之後就完成了。

*使用黑巧克力、牛奶巧克力、金黃巧克力、白巧克力這4種巧克力。不論是哪種巧克力事前都要先經過調溫處理。

SKETCH | 設計圖

這次主要想呈現的零件是兔子。為了襯托出利用白巧克力的顏色製作而成的兔子，搭配了花朵和葉片等作為裝飾。留意正面觀賞時，光線是從左上方照射下來這件事，進一步去意識到陰影的存在。同時為了表現光線的狀態，事先也要想好配置的零件可以產生的作用。

製作
模型和
巧克力的模具

支柱的模型和模具與在初級篇中的作法相同，以保麗龍製作而成。而基座，這次並非用保麗龍來製作模型，而是改為活用園藝用的花盆托盤。基座的作法參照「製作零件①」。此外，配件葉片的模具，則是使用塑膠的樹脂板和矽膠模具來製作。

〔器具〕

葉子的矽膠模具：糖工藝所使用的矽膠模具。將2個零件疊合，壓製出形狀。同時壓製出細細的葉脈紋路，可以表現逼真的葉片。
熱風槍：可吹出最高溫約1800℃的熱風。用來進行塑膠的加工。

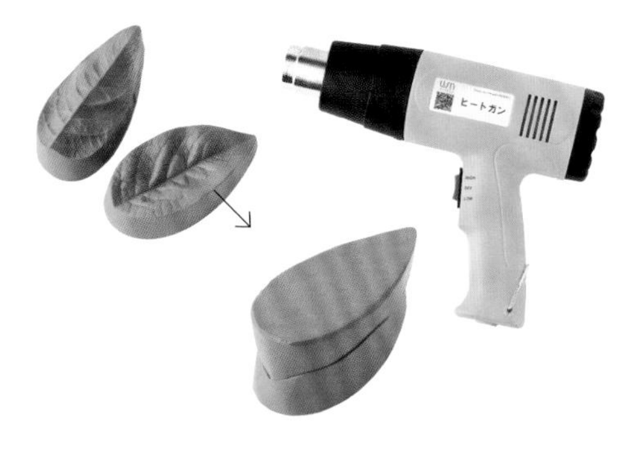

葉片

1 配合矽膠模具的形狀，以油性筆在塑膠的樹脂板上面描繪葉子，然後以剪刀剪下來。塑膠的樹脂板，這裡使用的是厚0.3mm的「Sunday PET（PG-1 透明）」（ACRYSUNDAY）。

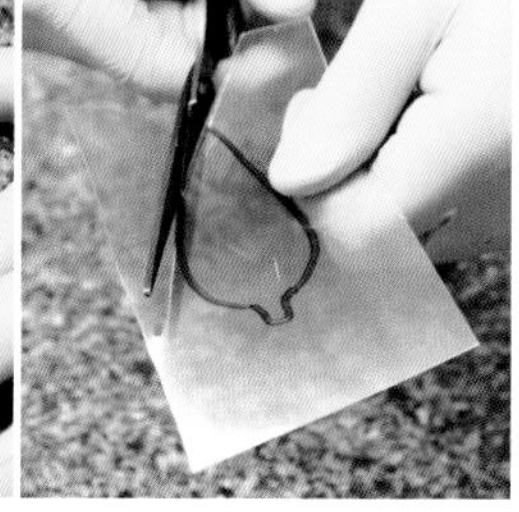

2 剝開裁切下來的樹脂板保護貼，放在其中一個矽膠模具的上面，然後以熱風槍加熱使它軟化。

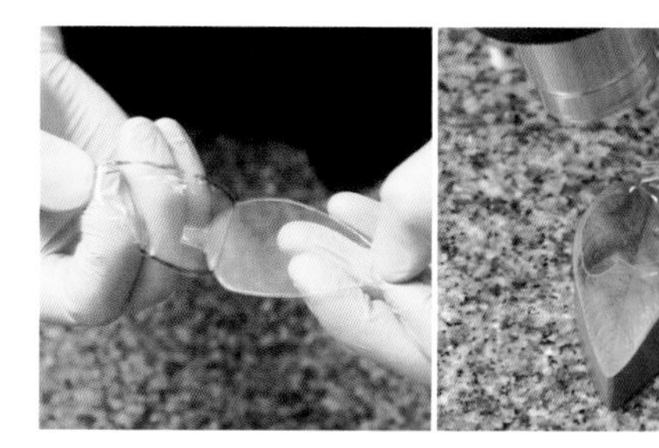

3 將另一個矽膠模具重疊起來，從上方用力壓下去，做成模具。然後以熱風槍加熱使它軟化，可將全體稍微製造一點弧度，做出更有真實感的葉片。

支柱

1 與初級篇的支柱作法相同，使用保麗龍製作模型和巧克力的模具。作法參照88頁。

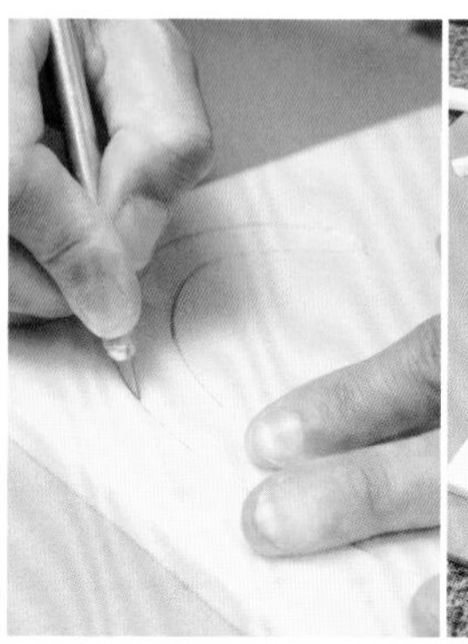
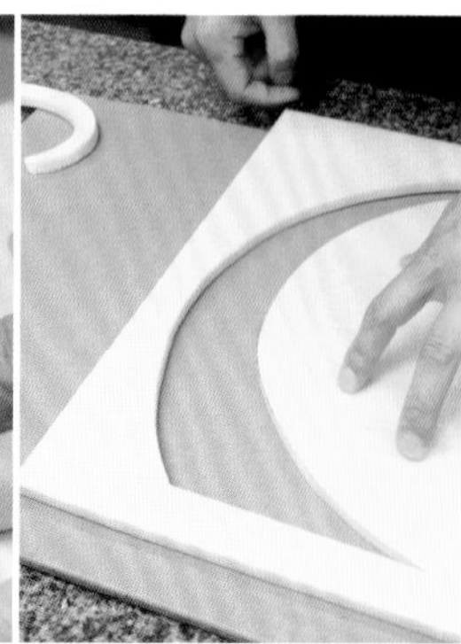

製作零件 ①

〔製作基座和支柱〕

基座是活用園藝用的花盆托盤製作而成的。重點在於托盤裡面不僅要倒入已經調溫過的巧克力，還要擺放固體的巧克力。支柱則與初級篇相同，將巧克力倒入以保麗龍做的模具中，凝固之後便可以完成。

基座

〔器具〕

園藝用的花盆托盤：使用塑膠材質的托盤製作，就可以呈現光澤。選用側面不是垂直，而是有恰當角度的模具，這樣一來巧克力凝固之後就很方便脫模。這次以尺寸不同的 2 個托盤製作，兩者相疊，形成一定的高度。

► 要將已經調溫過的巧克力凝固成某種程度大小的巧克力塊時，巧克力會從外側開始漸漸凝固（硬化），但是因為要凝固到中心都變硬會相當地耗費時間，所以很容易產生脂霜。因此，將已經呈凝固狀態的巧克力放入中心，就能縮短凝固的時間，而不容易產生脂霜。不過，因為巧克力凝固的時候具有朝向內側收縮的特質，所以放入裡面的固體巧克力一定要隔開距離擺放。

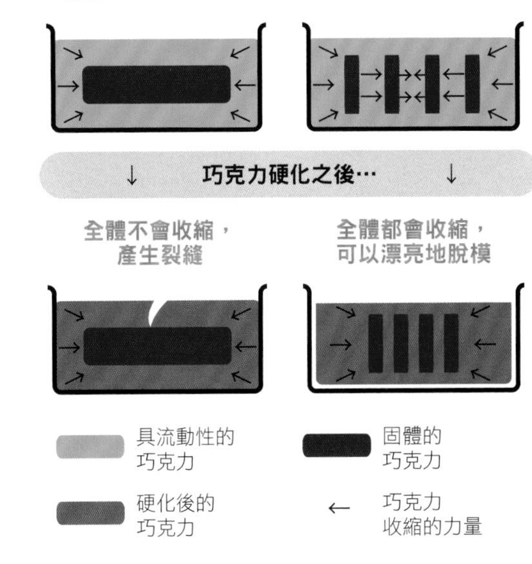

基座

1 將已經調溫過的黑巧克力倒入托盤中，直到一半左右的高度，再將固體的巧克力以相等的間距擺放在裡面，輕輕按壓，讓它沉入液狀巧克力中。

2 接著從上方擠入黑巧克力，連同模具在作業台上輕輕敲打，將表面弄平，放在 10 ～ 15℃的溫度帶（以下同）中凝固。凝固之後從模具中取出。

支柱

1 與初級篇的支柱作法相同，使用保麗龍模具製作支柱的零件。作法參照 90 頁。

製作零件 ②

〔製作兔子和配件〕

製作主角兔子，以及配件的花朵、藤蔓、和葉片。因為這次的花朵待會會需要上色，所以作為軸心的球體和花瓣全部都是以白巧克力製作。藤蔓則使用黑巧克力製作。此外，葉片則是邊上色邊製作。

〔器具〕

液體色素：以色粉和可可脂混合而成。這次使用的色粉是 PCB 的產品。因為液體色素容易分離，所以為了每次使用時能夠在搖晃後容易混合均勻，最好將少量的液體色素移入小型容器中使用。

空氣噴槍：使用「Evolution 2in1」的空氣噴槍。上色範圍為容易操作的 0.4mm 口徑和雙動式（按壓按鈕可以調節出氣量，拉動拉柄則可以調節口徑大小）噴筆，各方面都令人滿意。

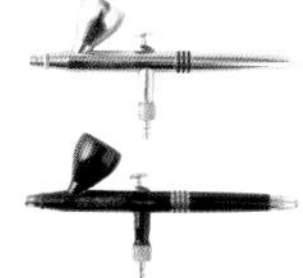

葉片

1 將少量綠色的液體色素滴在「製作模型和巧克力的模具」單元裡，所製作的葉片模具上，再以矽膠刷塗抹開來。因為沒有厚度，所以在模具上自然冷卻的話就完成調溫了。

▸ 使用刷毛粗的矽膠刷，就能輕易刷出葉脈紋路的細細線條。訣竅是在變乾之前迅速地刷出線條。變乾之後才用矽膠刷撫過的話會破壞線條，最後成品會變得很難看。

▸ 不要把顏色的深淺上得太過均勻，就能做出更逼真的成品。

2 變乾之後以刷毛細密的毛刷（油漆刷）將金色的色粉（Chef Rubber）撒入葉脈裡，全體都要撒上色粉。

▸ 從背面觀看已經上色的葉片。可以發現放上金色色粉之後，葉脈的部分會發光，而且漂亮地浮現。

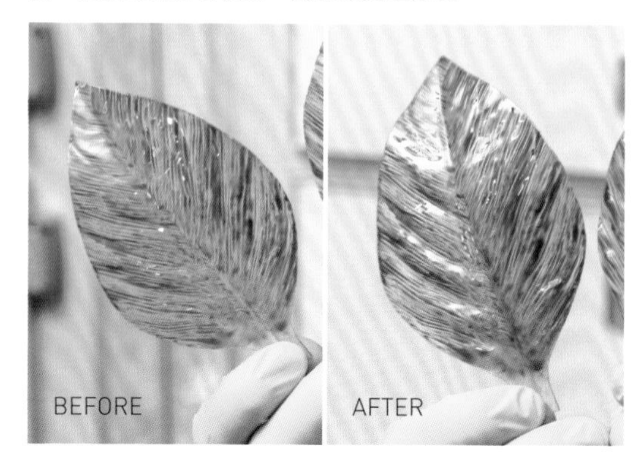

3 以空氣噴槍噴上白色的液體色素。

► 最後才噴上白色可使前面疊上的顏色變得更加鮮明。此外，不要刻意把白色噴得很均勻，而是讓白色有深有淺，如此一來疊上巧克力之後從正面觀看，色素的綠色和黑巧克力的褐色就會呈現不同的變化，可以在整個葉片上製造出陰影。

4 以矽膠刷塗上已經調溫過的黑巧克力，趁巧克力還柔軟的時候用手指擦拭葉緣，讓巧克力凝固。

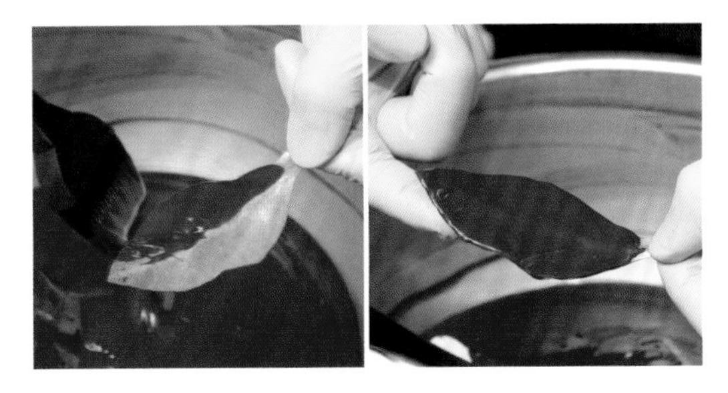

► 趁巧克力還沒變乾的時候，把葉柄朝下，從背面用指尖輕彈模具，使巧克力從葉尖往底部流下來，讓葉片的厚度產生平緩的變化。把作為黏接部分的底部做得厚一點，會比較容易黏接。

5 下方的照片是塗上巧克力後凝固的葉片（脫模前），從正面觀看時的狀態。以冷卻噴霧器噴向模具那面，使它變得冰涼，須小心地脫模以免破裂。

花朵、藤蔓

1 依照初級篇中花朵和藤蔓的作法製作。作法參照91、93頁。不過，花朵的部分，軸心和花瓣全部以白巧克力製作，藤蔓則是使用黑巧克力製作。

兔子

1 製作眼睛。為了使半球形模具呈現光澤，以空氣噴槍噴上可可脂。擠入少量黑巧克力作為眼球的部分，冷卻凝固之後，接著從上面擠入白巧克力，作為眼白的部分，然後在作業台上輕敲模具把表面弄平，讓巧克力凝固。

▶ 如果想呈現出漂亮的光澤，訣竅在於要事先把一開始噴入的可可脂調整成 24℃，半球形模具調整成 18℃。如果這兩者的溫度太高或是太低，可可脂便不會順利地凝固，造成無法漂亮地脫模，或是無法呈現出光澤。

2 把頭部做成球體，身體做成蛋形。將白巧克力分別倒入半球形模具、半蛋形模具，讓巧克力凝固。將這兩者各準備 2 個，彼此貼合。基本的作法與初級篇中的「作為花朵軸心的球體」（91 頁）一樣。

▶ 這次因為會把完成的球體削掉一些部分，便先把球體的厚度做成 5mm。

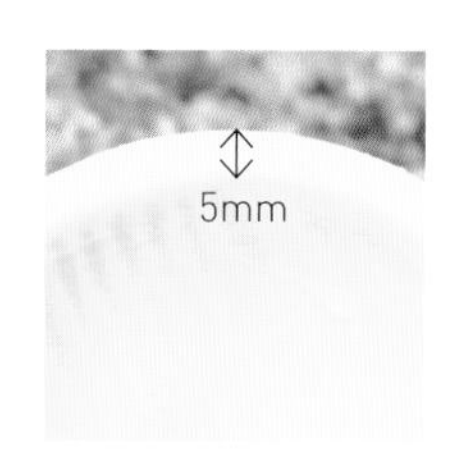

3 製作兔子臉孔的骨架。首先，以小刀稍微削除相當於頭部太陽穴的部分，讓它變得圓滑平整。接著將加熱過的湯匙背面抵住相當於眼睛周邊的部分，將巧克力融化出凹洞。以小刀挖空要嵌入眼睛的部分。在嘴巴的附近貼上少量以食物處理機攪打成黏土狀的白巧克力，用手指抹除交界線，同時讓它鼓起來。

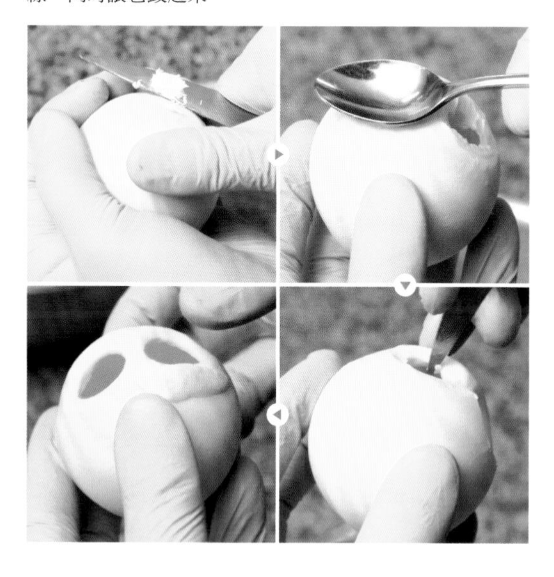

▶ Ⓐ／削平太陽穴。　Ⓑ／眼睛的位置設定在直徑的正上方，就會呈現可愛感。　Ⓒ／嘴巴附近的隆起處，讓球體更接近兔子的骨架。

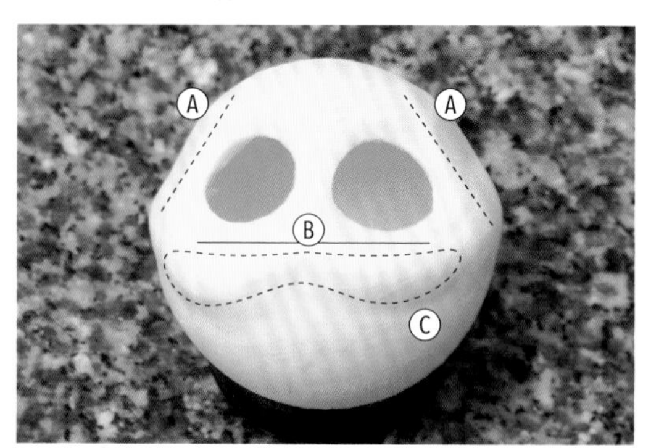

▶ 挖除的眼眶等處，以加熱過的湯匙背面抵著，就可以抹平得很好看。

4 在兔子的脖子處開洞。以加熱過的金屬工具前端等融化巧克力，開個圓洞。

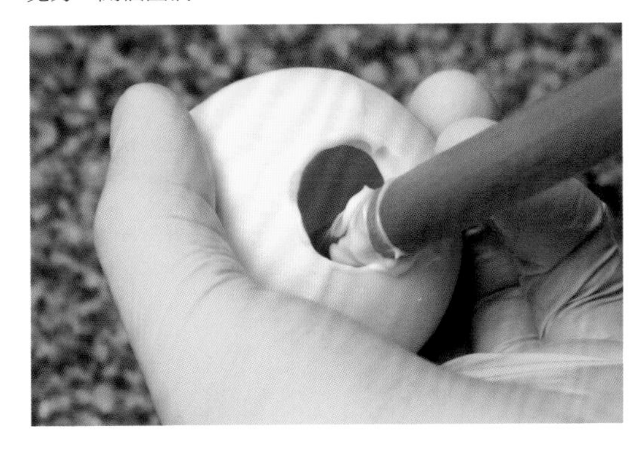

5 臉孔基底的兩眼距離（鼻根）很狹窄，所以配合這個寬度，以小刀稍微切除眼睛內側。

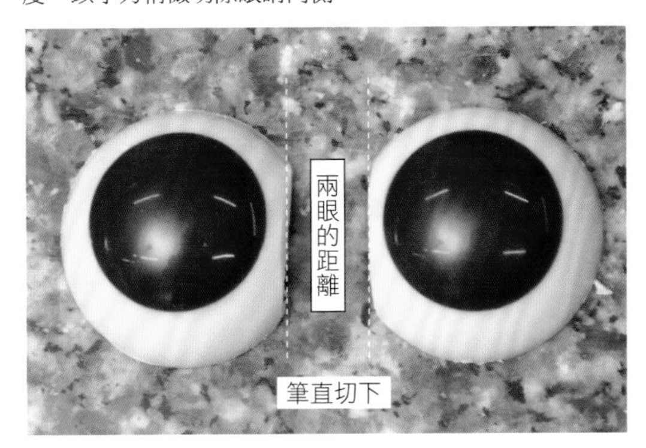

6 黏接眼睛。在眼睛的上下各擠上少量的白巧克力，從脖子的洞口放入眼睛貼上。

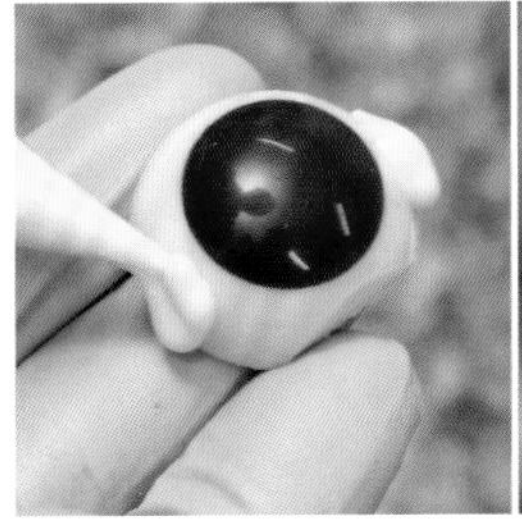

7 從頭部的內側，環繞著眼睛的周圍擠出白巧克力，加強黏接的效果。照片是黏接後的內部情況。

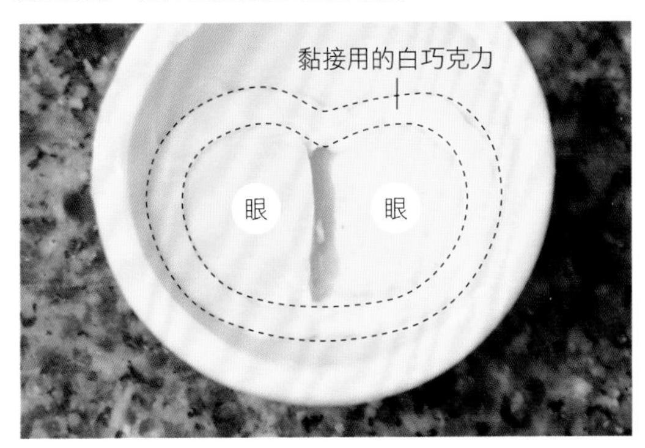

8 以用食物處理機攪打成黏土狀的白巧克力製作鼻子，然後以白巧克力黏接。將巧克力做成黏土狀的方法，參照基礎篇的「塑形」（82 頁）、初級篇的「製作零件／配件 ② 藤蔓」（93 頁）（以下同）。

9 以加熱過的碎冰錐在頭部開 2 個洞，然後將以黏土狀的白巧克力製作的耳朵用白巧克力黏接上去。

10 在脖子的洞口周圍擠上白巧克力，黏接身體。這個時候，身體的軸心與頭部稍微錯開，身體就可以表現出活動感。

11 製作手腳。腳的作法是將黏土狀的白巧克力搓成棒狀，在變硬之前以小刀在作為關節的部分稍微切入切痕，然後以指尖將小腿的肌肉捏塑得很有立體感。以同樣的作法製作手臂、手掌、腳背和腳趾。先將腳背和腳趾接合，因為要在組合手臂和手掌、腳和腳背的時候黏接起來，所以先直接做好這個部分備用。

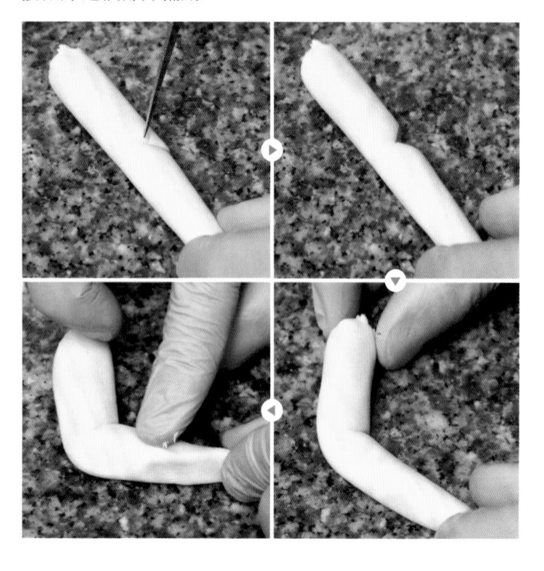

▶ 塑形時的重點在於，並非只製作眼睛看得見的表面。如果是動物的話，骨頭上面就是包著皮的部分，以及覆蓋著厚實肌肉的部分等，一邊把握住實物的特徵，一邊取得平衡很重要。

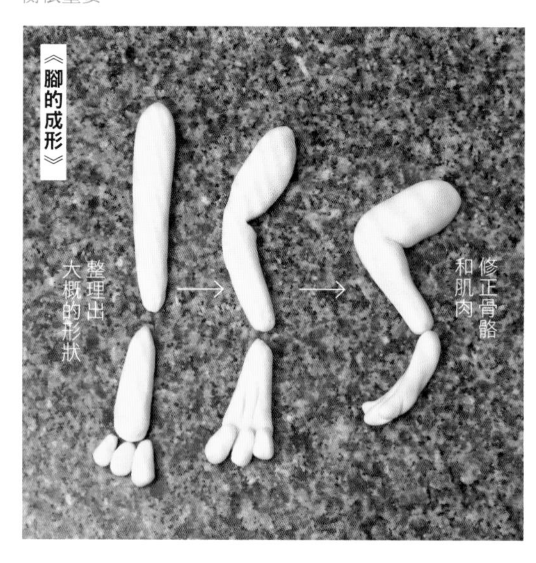

CHECK：固定

黏接各個零件之後，要注意避免移動，放置 24 小時以上，使黏接效果更堅固。

基座和支柱的加工・組裝完成

依照跟初級篇相同的作法，分別組合支柱上部的零件和下部的零件。以不同的 2 個花盆托盤製作而成的基座零件，將較寬廣的那一面相對接合，接著組合支柱和基座。

1 與初級篇的作法相同，分為支柱上部的零件、支柱下部的零件。這次將以花盆托盤製作而成的基座零件，分別組裝完成。

2 將支柱下部的零件黏接在基座上面，再將支柱上部的零件安裝在它的上面。

上色

意識到光線照射的方向，為了製造陰影，將基座、支柱和花朵上色。

〔器具〕

旋轉台：當在烤盤上製作甜點工藝還很普遍的時期，我就已經思考過有沒有比烤盤更節省空間，又方便作業，而且也很容易連同作品一起搬運的東西了，於是便自己製作了作業用的旋轉台。在表面貼上止滑的軟墊，底部則安裝了 5 個腳輪。中央也須安裝腳輪這件事很重要，因為把作品放在旋轉台上面進行作業的過程中，即使邊緣的腳輪有 1 個不小心脫落，中央的腳輪也能防止旋轉台全體傾斜。

正面

背面

基座和支柱

1 以空氣噴槍噴上焦糖色的液體色素，趁可可脂凝固之前，以矽膠刷撫過支柱，製造出感覺像木紋的線條。

► 沿著支柱弧度的流動感製造線條，就會更像木紋的感覺。

2 等①的表面變乾，變成霧面的感覺之後，以空氣噴槍依照橙色→紅褐色→深褐色的順序噴上液體色素，讓顏色堆疊起來。此外，紅褐色是將紅色和綠色的液體色素混合之後，所調出最接近理想的色調。

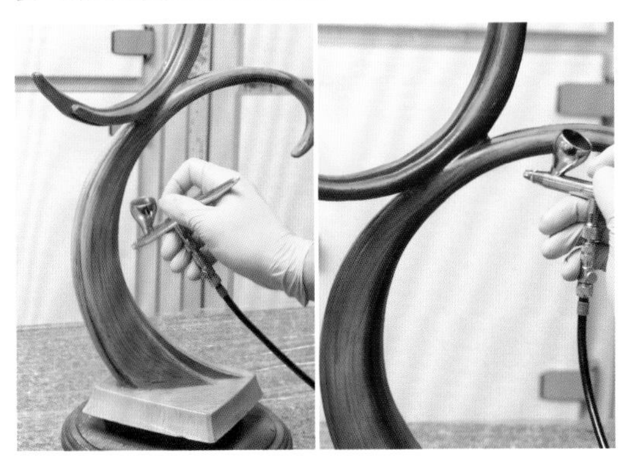

► 常見的狀況是，噴上了過多的液體色素，導致色液滴下來。請多加留意。

► 如果沿著巧克力貼合部分的溝槽噴上紅褐色，就能增添立體感。作為內側陰影的部分，可以稍微加強噴出顏色的力道，讓顏色變深。

► 為了使陰影的對比更加鮮明，接著在想要加強陰影的部分，於紅褐色的上面再噴上一層深褐色。

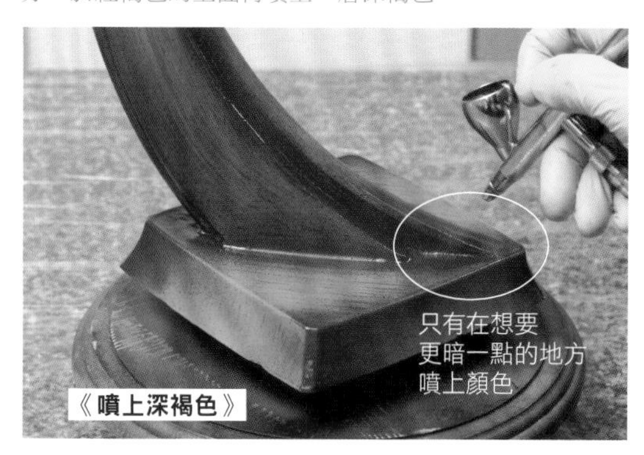

CHECK：色調

意識到光線照射的方向，製造出陰影

照片所示為基座上色完成後的樣子。想像著光線從左上方照射下來，以色調相同，明度卻分階段下降的多個顏色製造出陰影。大範圍地噴上最明亮的顏色，再隨著明度變暗，縮小噴色的範圍，就能輕易地製造出陰影（立體感）。

花朵

1 依照順序噴上黃色、橙色、紅色的液體色素，最後噴上以蒸餾酒「Spirytus 96°」（Polmos Warszawa）15g 攪入金色色粉 1g 混合而成的溶液。

► 空氣噴槍要固定噴筆的噴嘴方向，同時上下移動，一邊轉動旋轉台一邊噴上顏色。

► 保留白巧克力本身漂亮的白色調，同時製造出漸層，提升立體感。

► 嚴禁噴上過多的金色色粉。以讓全體籠罩在輕柔光輝之中的程度，稍帶光澤感的效果為目標。此外，使用帶有金蔥感的色粉時，以可可脂溶解的話，發色會變得不好看。若以酒精濃度高、容易揮發的蒸餾酒溶解後噴上去，就能噴出漂亮的顏色。

主體和配件的組裝．完成上色

將兔子黏接在支柱上，然後上色。
再組裝好配件的零件就完成了。

1 將已經黏接好頭部和身體的兔子安裝在支柱上。決定大概的位置之後，在想要安裝兔子的支柱部分以小刀輕輕劃入切痕做記號，然後以加熱過的湯匙背面融化做記號的地方。接著以雕刻金屬用的打火機烘烤，將表面的可可脂層充分燒融後，擠上黑巧克力。在兔子與支柱接觸的部分（後腦勺和背脊）也劃入記號，以雕刻金屬用的打火機稍微烘烤一下。視需要在黏接的部分添加黑巧克力，將兔子黏接起來，然後以冷卻噴霧器固定住。

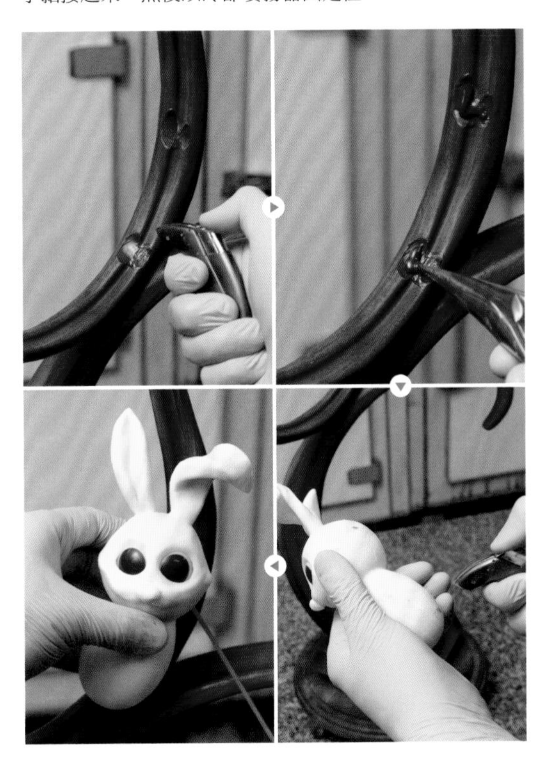

► 支柱側邊的黏接部分，一定要把以可可脂上色過的表層燒融。如果保留可可脂，黏接上去的零件可能會連同可可脂表層一起脫落。

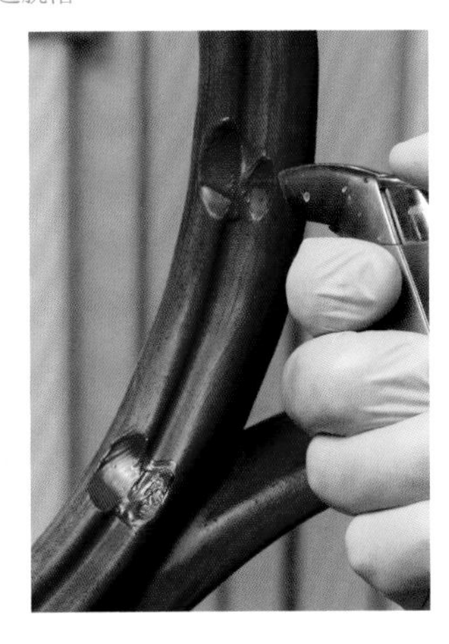

2 依照順序將兔子的手臂和腳、手掌和腳背黏接在身體上，並以冷卻噴霧器固定住。採用的黏接方法是，分別將那些要黏接的部分以加熱過的湯匙背面稍微融化，然後以白巧克力黏接起來。

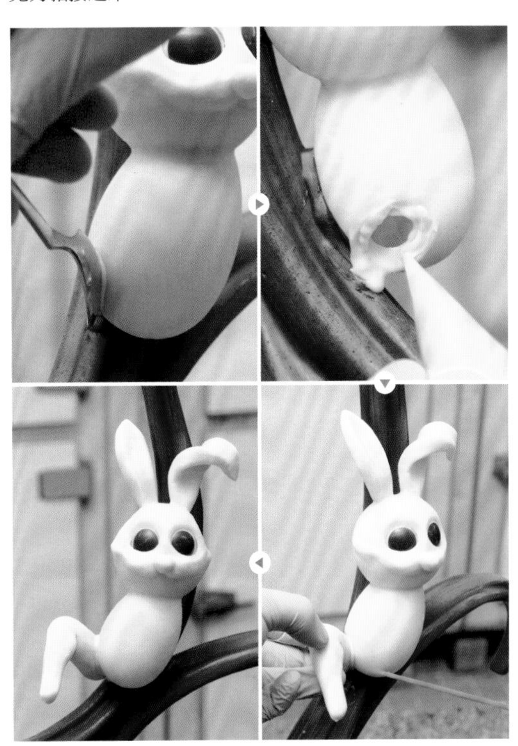

► 組裝立體的動物時，要重視的是身影的呈現方式。以從正面觀看作品時，可以清楚看見帶有動感的輪廓這樣的方式來配置的話，就能夠更加提升作品的躍動感。

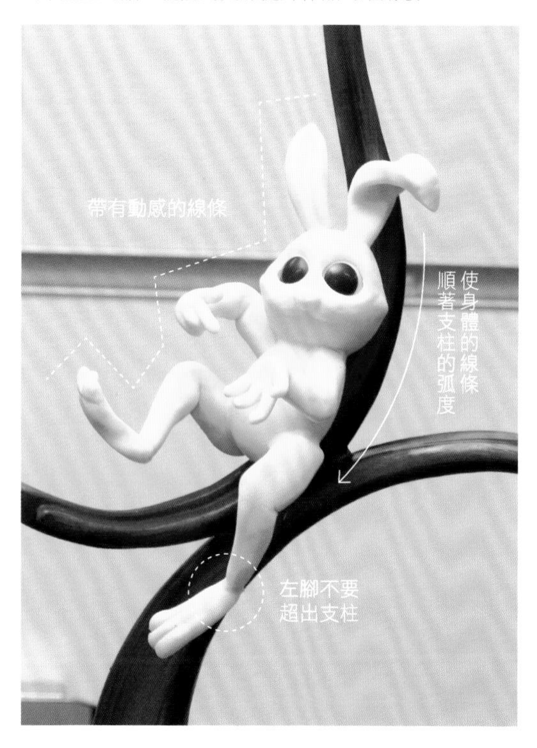

3 為了要替兔子上色，將保鮮膜覆蓋在眼睛和兔子周邊的支柱上予以保護。

4 在關節和鼻子周圍，依序噴上黃色、橙色的液體色素，臉頰和耳朵則噴上粉紅色的液體色素。

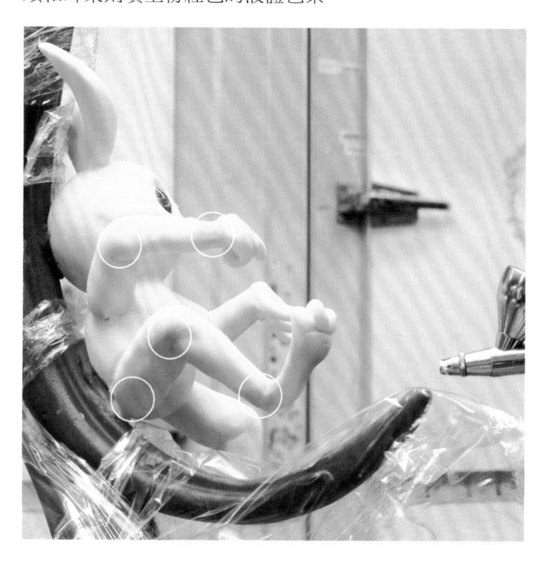

► 這次有意識到要讓全體都活用白巧克力的色調進行，同時在上色時以關節為中心製造陰影，呈現出深度。想像著從正面觀看時，光線從左上方照射下來的樣子，因此特別以右下部分為中心，藉由上色製造陰影。因為具有「巧克力工藝」這個大前提在，所以最重要的是，不論什麼樣的作品，基本上都要同時保有巧克力的質感來進行上色。

5 與①的作法相同，將那些接下來要黏接的部分燒融，然後將配件的花朵、藤蔓、葉片依照由上而下的順序以黑巧克力黏接起來，再以冷卻噴霧器固定住。藤蔓的前端噴上白色的液體色素，使線條更加突顯。

▶ 藤蔓朝著更能襯托支柱線條的方向黏接。

▶ 一邊想像著近身處、中央、後方各個空間的連結，一邊組裝各個零件。藉由葉片的位置或方向，也能創造出空間的廣度和深度。

▶ 從正面觀看作品時，就連葉片的呈現方式也要注意。根據配置方式的不同，也能展現葉片的薄度和輕盈感。如果葉片全部朝向正面的話，會令人留下平坦的印象。

▶ 之前以增減白色液體色素的方式來調整葉片明暗度，因此將明暗的差異也納入考量，來配置葉片的位置。在作品上部等感覺較能照到光線的位置，黏接上較明亮的葉片，在下部的陰影處，則黏接較暗沉的葉片，如此一來可以使作品整體的陰影更有統一感，和栩栩如生的氛圍。

Column 04

甜點工藝的思考方式②
——冨田大介

基座（支柱）和主體工藝的平衡

基座（支柱）和主體工藝間的平衡，於外觀上給人的印象有很大的影響。這裡所謂的平衡是指外觀體積感的對比，而非質量的對比。來比較看看以下 4 種類型吧。

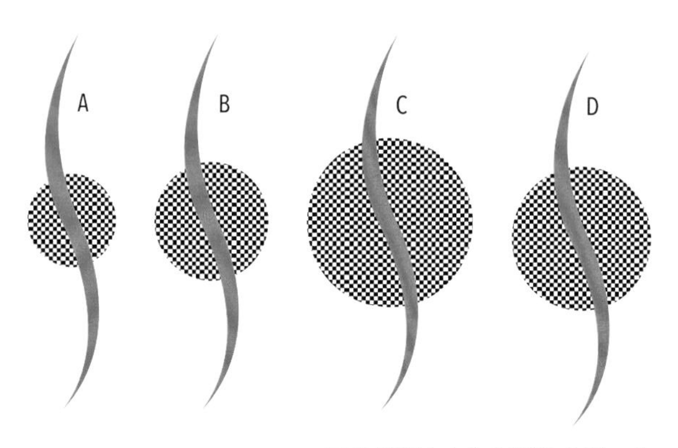

基座（支柱） 主體工藝

A 是主體工藝很小的案例，藉由基座（支柱）襯托出流動感，想當然爾主體的存在感就會變得很小。B 是基座（支柱）和主體的比例為 1 比 1 的感覺。這個案例的平衡感很好，但反過來說，就不那麼引人注意，是最不容易留下印象的類型。C 是主體工藝很大的案例。這個的話便只會對主體留下印象。

我想要推薦的是 D，基座和主體為 1 比 1.2 的平衡感。主體比基座的體積稍微大一點的感覺。這是我為了充分突顯出主體的存在感，又要兼顧呈現漂亮流動感所研究出來的黃金比例。比起 1 比 1 的比例，只稍微破壞了一點點平衡，作品的視覺呈現就會產生截然不同的差異。然後再根據自己想要表現的內容、強調的部分，參考這樣的比例改變平衡的話，就能做出更有個性、十分吸睛的作品。

明度和彩度

關於甜點工藝的顏色運用，重點並不是在於把紅、綠、藍等各式各樣的顏色加進去就好，而是讓各個工藝或工藝品整體的明度和彩度擁有寬廣的範圍。明度指的是色彩明亮的程度，彩度則指的是色彩鮮明的程度。有意識地去注意到光線照射的方向，再利用上色來表現明暗，或是在上綠色的時候混雜了感覺偏白的亮綠色，和帶有深度的霧面綠來增添變化……確實地表現顏色的強弱，使作品展現深度。

巧克力工藝

高級篇

主體以自製的矽膠模具製作。
設法利用上色和配置手法表現出深度和迫力

Advance

主體的男性指揮家
是以自製的矽膠模具製作，
塑形成令人印象深刻的立體作品。
上色的漸層範圍比中級篇更為廣泛，
不僅讓作品保有深度，而且如果是
男性的形象，服裝的素材感和立體感也會
隨之突顯出來。刻意破壞支柱和主角
在配置上的平衡也是重點所在。
如此一來，主角會更具有活力，
給人洋溢著躍動感的印象。

即使結構相同，只要1個技巧就能變得具有臨場感

初級篇、中級篇、高級篇的這3個篇章，其實支柱的形狀或配件的形狀都刻意做得一樣。如果單看高級篇的作品，可能會對甜點工藝抱持著好像很困難的印象。但其實基礎觀念，和誰都可以做出來的初級篇是完全一樣的。不同的部分只有方法或技術。甜點工藝一點都不難。只要從基礎開始學習，掌握應用能力，就能將表現的範圍拓展得更廣泛。

高級篇有3大重點，第一個重點是上色的顏色範圍比中級篇更寬廣。在中級篇中，是以3個顏色的漸層表現主體兔子的陰影或立體感，然而這次選擇先以最明亮的顏色上色為作品打底，再反覆上色，以多個顏色的漸層營造陰影，讓作品帶有深度，突顯服裝的素材感和立體感。

第二個重點是包含基座在內的支柱，和包含配件在內的主體，這兩者的平衡。兩者之間的尺寸以1比1.2為比例，是看起來很美的理想數值，我認為那就是黃金比例。而在初級篇和中級篇中將平衡做成1比1，則單純只是為了讓大家觀摩技術。這次甚至故意破壞黃金比例，做成1比1.6，目的在於表現出更有活力的躍動感。不過，這個「破壞」的手法，如果沒有針對全體零件的配置，和裝飾的表現營造出的漂亮流暢感，光是把主體咚地擺上去，便會淪為一般擺飾品的感覺，這點必須多加注意。

與前兩次最大的不同點是，這次是採用自製的矽膠模具來製作。將調溫過的巧克力倒入矽膠模具，除了堅固之外，中間是空心的，重量很輕，因此也能夠像這次一樣，藉著飄揚在空中的燕尾服下擺，表現風的流動。技術上則是考驗了把巧克力倒入模具中的作業。在看不見裡面的狀態下轉動模具，微妙地改變每個部分的薄度，同時必須讓巧克力遍布在整個模具裡面。因為巧克力的流動性也會隨著室溫產生變化，所以可以說是「必須訓練的技術」。

PROCESS | 流程

1.	構想・設計圖	決定主題，構思設計和色調。畫出設計圖，以便將創意具體化。
2.	製作模型和 巧克力的模具	使用矽膠和石膏等製作主體男性指揮家的模具。 支柱則是使用保麗龍來製作模型和模具。
3.	製作零件 （放置24小時以上）	使用模具等，製作支柱、基座、主體男性指揮家的零件，以及配件的零件*。
4.	基座和支柱的上色・ 組裝完成（放置24小時以上）	為基座和支柱的零件上色，然後組裝起來。
5.	主體的組裝・上色	一邊組裝主體的男性指揮家，一邊黏接在基座和支柱上，然後上色。
6.	主體的裝飾・配件的 組裝・完成上色	為配件的零件上色之後黏接起來。裝飾主體的男性指揮家，然後完成上色。

*使用黑巧克力、牛奶巧克力、金黃巧克力、白巧克力這4種巧克力。不論是哪種巧克力事前都要先經過調溫處理。

THEME | 初級篇、中級篇、高級篇的主題和成品比較

《初級篇》
- 以用保麗龍製作的模具為基礎，使之立體化
- 只以巧克力的顏色表現明暗

《中級篇》
- 以保麗龍模具製作的支柱保持不變，而是針對以塑形為主體的兔子替作品增添變化
- 予以上色，營造華麗感

《高級篇》
- 以自製的矽膠模具製作主體，做出更生動的造形
- 擴展上色的漸層範圍，提升深度
- 刻意破壞支柱與主體的平衡，表現更強的感染力

製作模型和巧克力的模具

使用矽膠和石膏製作主體的男性指揮家模具。大略的流程是，一開始先製作模具的基礎模芯，然後在它的周圍倒入矽膠，接著倒入支撐它的石膏，等矽膠和石膏凝固。這裡會以右臂零件的模具為例，向大家介紹作法。安裝在基座的支柱，與初級篇和中級篇一樣使用保麗龍製作巧克力的模具和模型。

〔材料・器具〕

保麗龍：重量輕，操作簡便的發泡聚苯乙烯。成形之後，外層覆以石粉黏土，做成模具的模芯。不僅可以節省黏土，而且比起全部以黏土製作的模芯，乾燥的速度要快得多。這次使用的是厚 5cm 的保麗龍。

石粉黏土：不僅柔軟，操作性又高，而且硬化之後非常堅固。使用美術工藝中心的「京黏土」。

油黏土：用於製作模具。也用來固定模具。

塑膠瓦楞板：用於製作模具時的外框。只需在單面切入切痕，就能漂亮地彎摺。

固狀脫模劑：塗在石粉黏土上，矽膠便能輕易地從石粉黏土上剝下來。使用的是 EPOCH 的「Bonlease wax」。

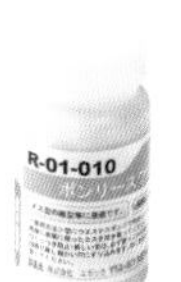

液態矽膠：模具的素材。使用與硬化劑成套組的，旭化成 Wacker Silicone 的「RTV-2 SLJ3266」。添加 YOSHIMURA 的增黏劑「FLUID L051」就可以調整黏度。

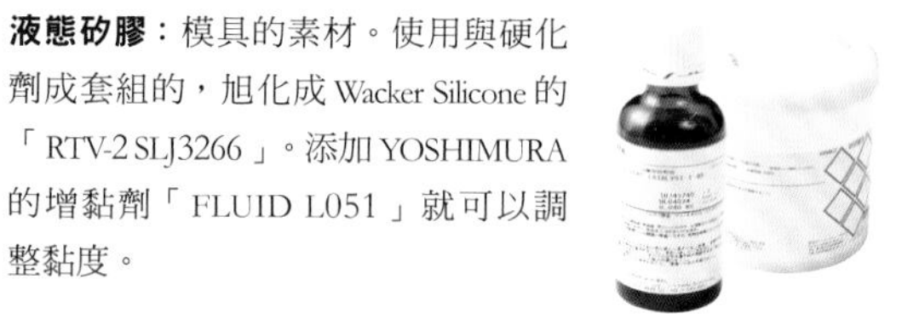

石膏：使用於支撐矽膠模具的基座。石膏的價格比矽膠便宜，而且硬化的速度快，所以比起全部以矽膠製作模型，效率更好。不過，石膏要花大約 2 週的時間水分才會消失，達到「完全硬化」。因此要將石膏和水以 1 比 0.76 的比例混合之後使用，詳細的使用方法請參照商品說明書。

液狀脫模劑：可以輕易剝除矽膠類。使用的是 EPOCH 的「Chemlease」。

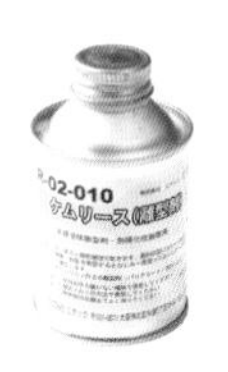

1 以保麗龍和石粉黏土製作模具的模芯部分。將保麗龍切出大概的形狀，然後用油性筆以線條畫出構思的形狀。照片所示為指揮家的右臂，其他的零件也以相同的作法製作（以下同）。

2 用美工刀沿著做記號的部分削切，製作出形狀。做出來的形狀，厚度要比完成尺寸少 2mm。這個 2mm 的厚度是保留給稍後要裹上的石粉黏土。

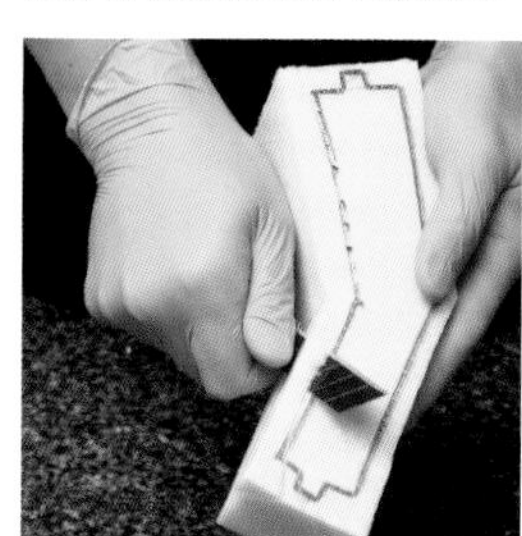

► 為了能夠將手腕或身體部分的零件黏接得很牢固，先在黏接部分製作小型的突起。

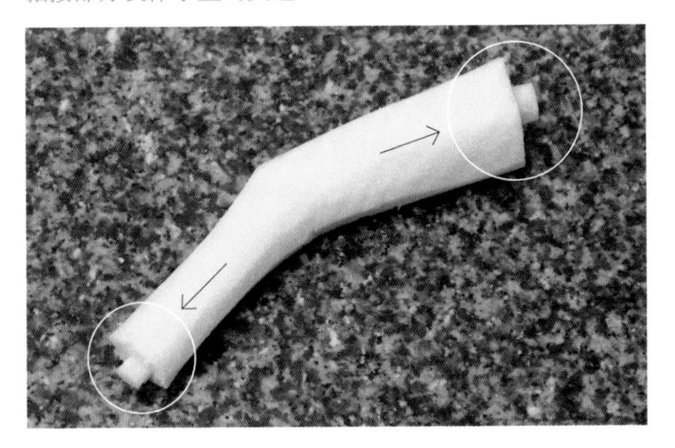

3 以柔軟的海綿研磨材料磨擦，使表面變平滑。

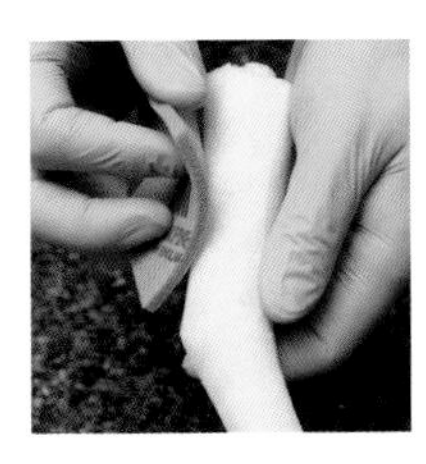

4 以 OPP 塑膠紙夾住石粉黏土，用擀麵棍擀平成 2mm 的厚度。

► OPP 塑膠紙出現皺摺之後，會很容易在黏土上留下痕跡，所以擀平的時候要勤於取下 OPP 塑膠紙再貼上。

5 在④的表面塗上一層薄薄的水。

6 把③放在⑤的上面，以小刀切除多餘的石粉黏土，包裹起來，緊密貼合。然後以剪刀剪下多餘的石粉黏土。

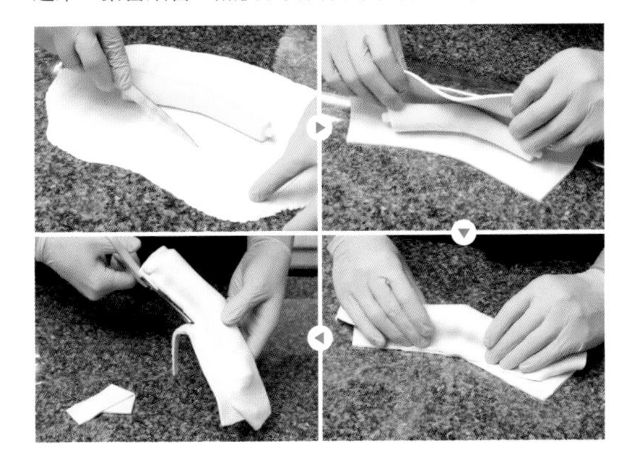

7 將以剪刀剪下的石粉黏土接合處，一邊沾水一邊以指尖摩擦，使接合處變得平滑。在室溫中放置1個晚上讓它變乾（放置在溫暖乾燥的場所會更快變硬）。

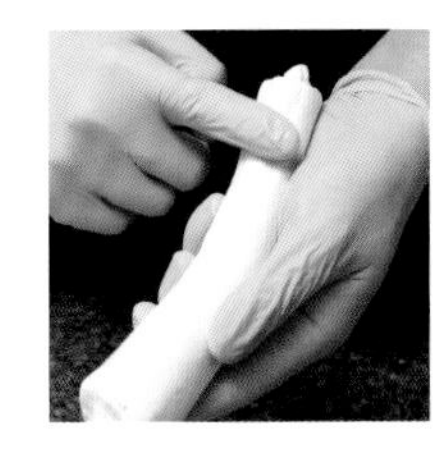

► 石粉黏土完全乾燥之後，有時接合處會產生裂痕。遇到這種狀況時，要配合裂痕的長度補上石粉黏土，用手指按壓讓石粉黏土融合為一，再將裂痕修復平整。

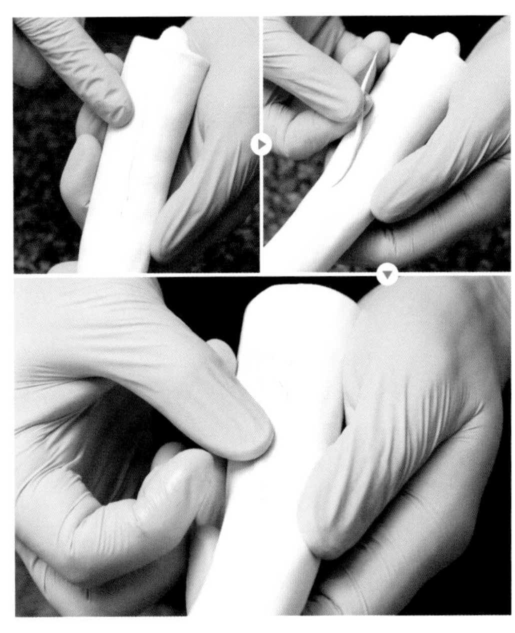

8 製作服裝的膨起處和皺褶。這樣一來，模芯的部分就完成了。

► 服裝膨起處的作法與⑦修復裂痕的方法相同，放上少量的石粉黏土弄平整，以保留少許突起的方式表現出來。

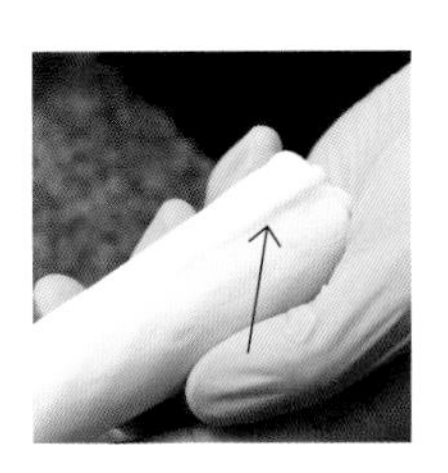

► 皺褶的凹陷處，以使用海綿研磨材料的邊緣部分削刮的方式表現出來。

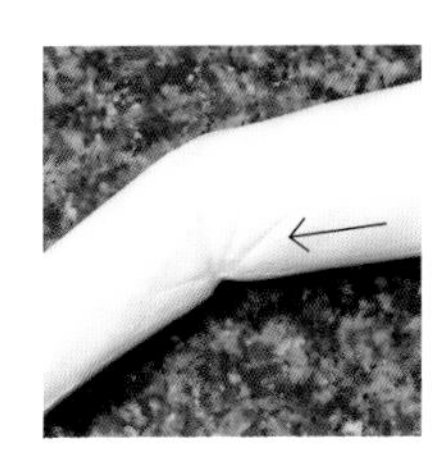

9 以保麗龍和石粉黏土製作的模芯作為基礎，用矽膠和石膏來製作模型。在以保麗龍和石粉黏土製作的模芯上面，整體擦上固狀脫模劑，然後以布巾磨擦出光澤。將這個步驟重複2～3次，使藥劑充分滲入模芯。

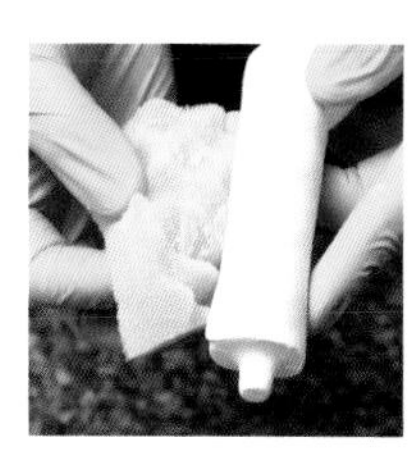

10 以油性原子筆描畫出最突出的部分。因為這條線將成為模具的分割線，所以先做出記號，就能一目了然。

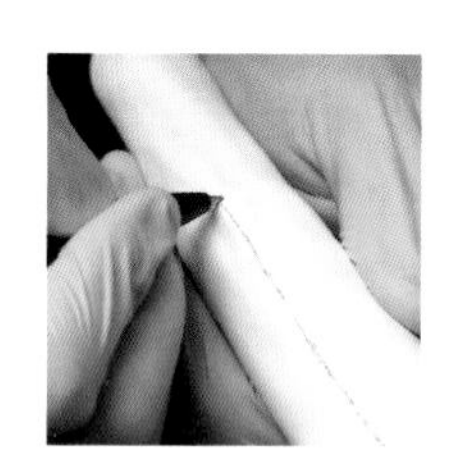

▸如果沒有在突出的部分畫出分割線的話，倒入巧克力，等凝固後要取出的時候，會變得不易脫模。不過，因為分割線容易使巧克力滲入縫隙，形成紋路，所以如果不希望那個部分太顯眼的話，就要臨機應變地換個地方。譬如，臉部（頭部）的分割線不要畫在鼻子上，而是在耳朵旁邊之類的，紋路就不會太明顯。遇到這種狀況時，為了便於脫模，鼻子不要做得像「鷹鉤鼻」那樣的形狀，而是以從鼻尖垂直落下的形狀製作模具，待脫模之後再削切，修整鼻子的形狀。

11 將揉圓的油黏土放在⑩的下面，將⑩固定（防止滾動）。以搓成棒狀的油黏土沿著分割線圍繞在模芯周圍，緊密貼合。用手指按壓油黏土的表面，把它弄平。

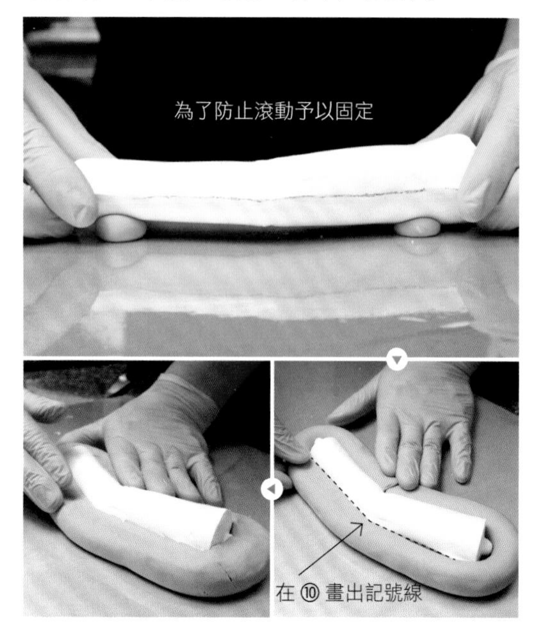

12 將多出於緊密貼合部分的油黏土以小刀削除。

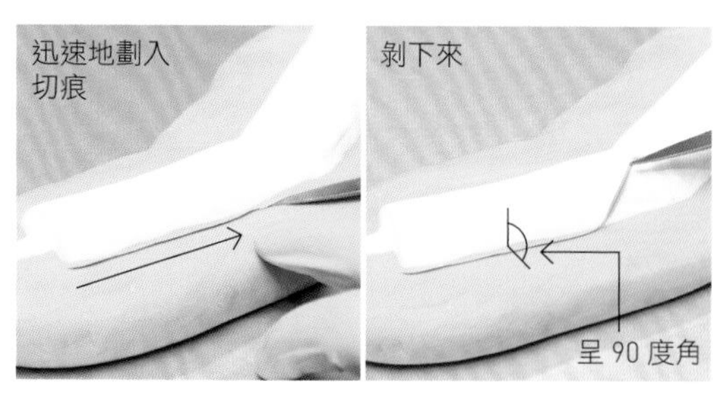

13 模芯周圍的油黏土保留1cm的厚度，其餘的切除，測量油黏土的外側範圍。因為要在身體側的黏接部（A）製作注入巧克力的洞孔，所以在A的部分將油黏土堆高。

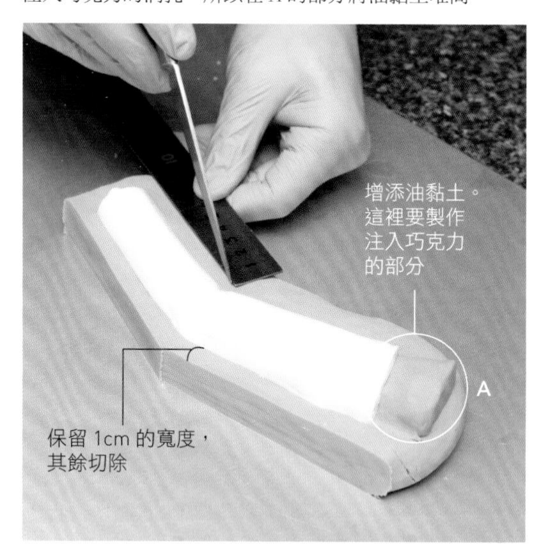

14 依照測量出來的長度，裁切塑膠瓦楞板做成模具，把⑬圍起來。這將成為模具的外框。

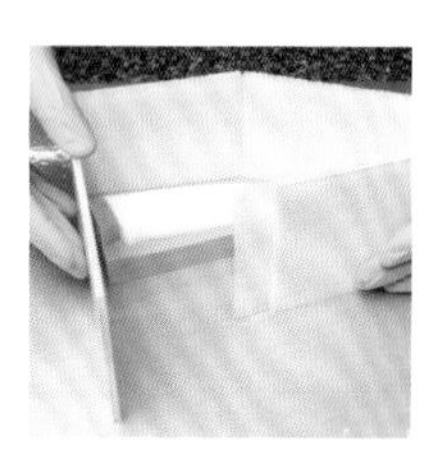

▸只在單面的塑膠瓦楞板上切入切痕，就能彎曲得很好看。利用這個特點，製作出適度的框角，讓油黏土完全吻合那個角度。

15 以搓成棒狀的油黏土圍住塑膠瓦楞板外框的周圍，緊密貼合，將外框固定。

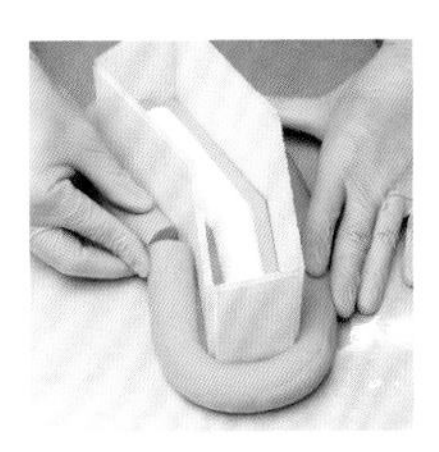

16 在塑膠瓦楞板外框內側的油黏土上，以杏仁膏塑形刀隔著大約相等的距離鑽洞。在模具完成時，將成為模具上咬合的部分。

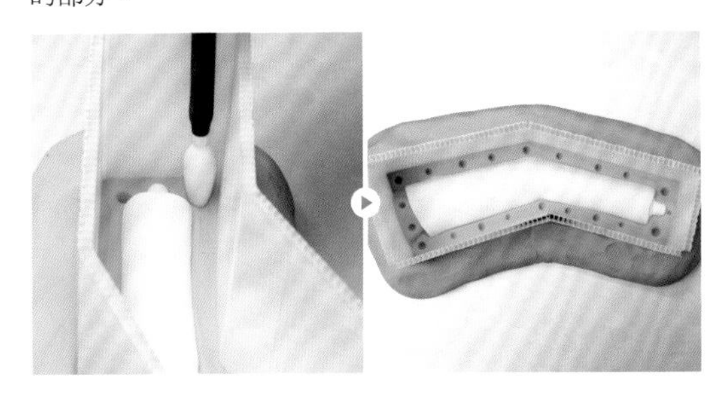

17 將液態矽膠的藥劑與硬化劑混合，以筷子輔助流入外框之中，覆蓋住石粉黏土和旁邊油黏土的表面。放置 6 ～ 8 小時左右，讓它完全凝固。

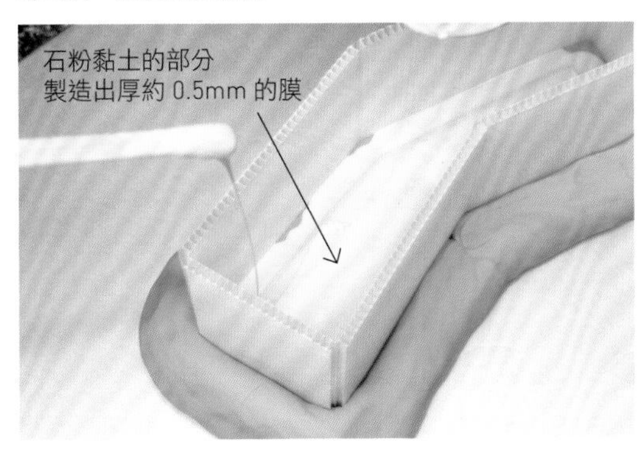

► 如果將液狀的藥劑一口氣倒進去，會很容易產生氣泡。要將藥劑呈細線狀一點一點地流入，分布在表面上，就能防止產生氣泡。在這個時間點，藥劑雖然有點黏稠，卻是比較流暢的狀態。黏度高的話一樣會容易產生氣泡。

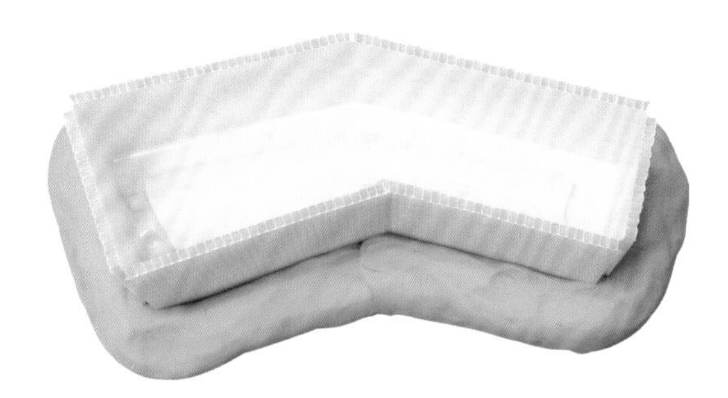

18 在混合了硬化劑的液態矽膠藥劑中再混入增黏劑，稍微提高黏度，再將這個倒入已經硬化的 ⑰ 之中。利用這個作業將矽膠層調整成適當的厚度。放置在室溫中大約 8 小時，使之凝固。

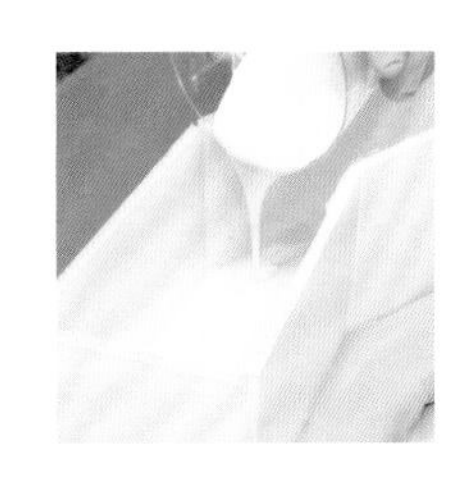

► 稍微提高藥劑的黏度，以沿著石粉黏土形狀的狀態凝固。既可以節省矽膠，還可以將矽膠部分的模具做得較薄，不至於破裂（合計 5mm 左右）。因為已經在 ⑰ 覆蓋了一層沒有氣泡的膜，所以在 ⑱ 中可以將藥劑一口氣倒進去，即使稍微產生氣泡也沒關係。

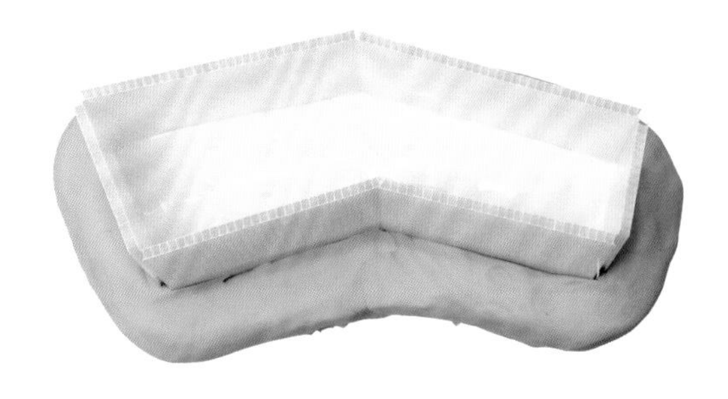

19 將石膏與水混合之後倒入其中，放置在室溫中 20 分鐘，使之凝固。石膏層的厚度，要於模芯最突起的部分，並從矽膠層的外側測量，以大約 1cm 為準。

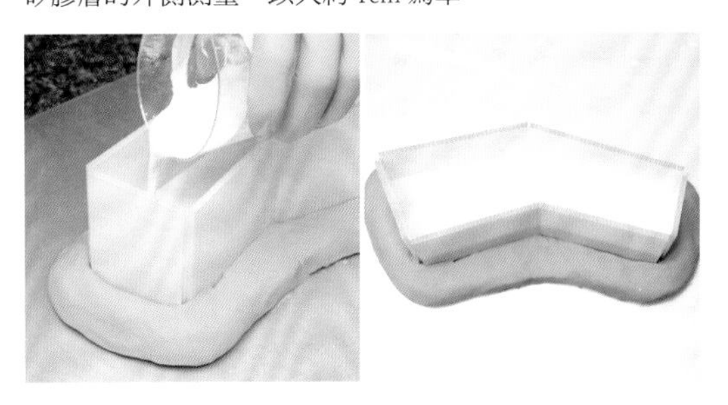

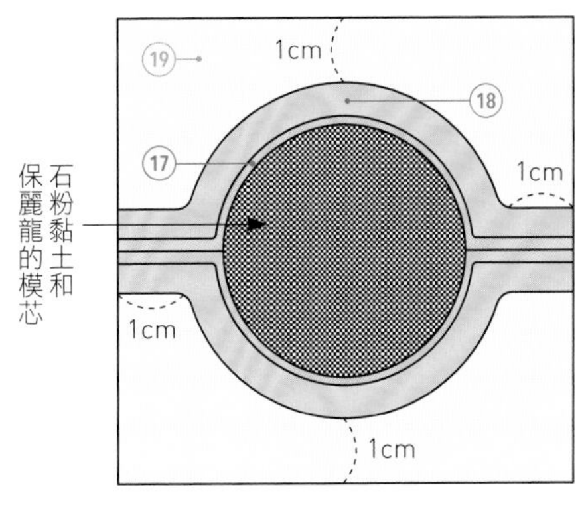

⑰ 中以液態倒入的矽膠（厚度約 0.5mm）
⑱ 中以提高黏度的狀態倒入的矽膠（厚度約 4.5mm）
⑲ 中的石膏（在最突起的部分，厚度約 1cm）

20 凝固之後取下周圍的油黏土和塑膠瓦楞板的外框，只取出石膏的部分，以小刀削除石膏的銳角。

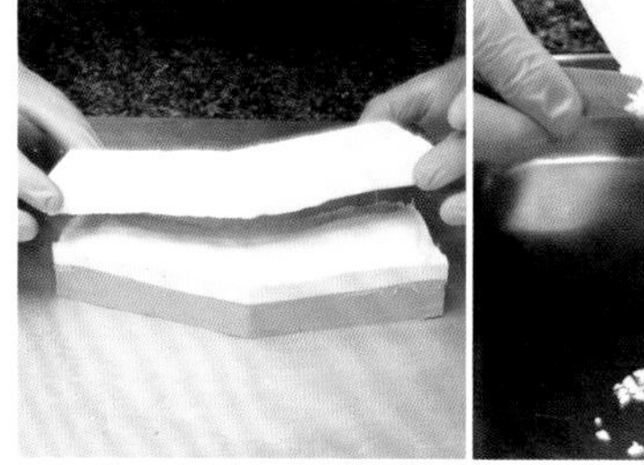

▶ 將銳角修圓，在稍後的作業中就很容易操作，而且可以防止突出的銳角碰到東西的話，有時會裂開的狀況。

21 將石膏部分放回原來的位置，將全體翻面，在 ⑪ 中以油黏土固定的部分朝上放置。取下油黏土，並且以布巾等將殘留的油黏土擦拭乾淨。

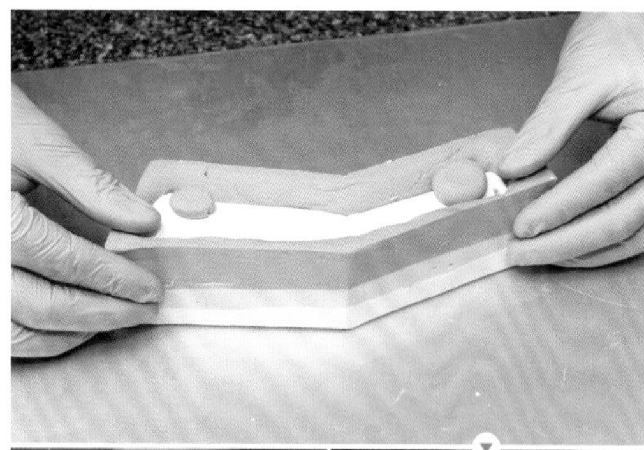
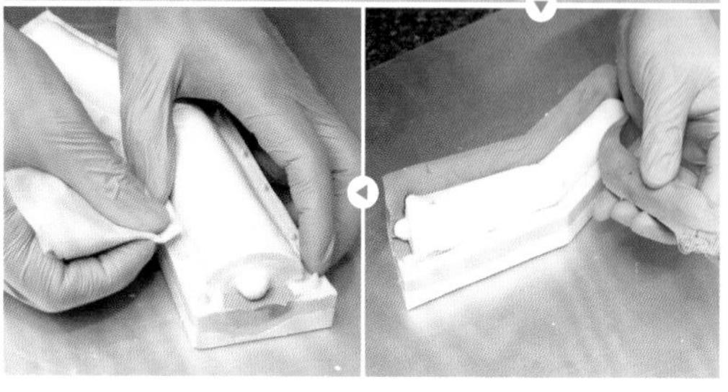

22 將裸露出來的模芯就這樣朝著上方，以塑膠瓦楞板的外框圍住周圍，外側則以油黏土固定。使用小畫筆將液狀脫模劑塗抹在模芯及其周圍的矽膠部分。

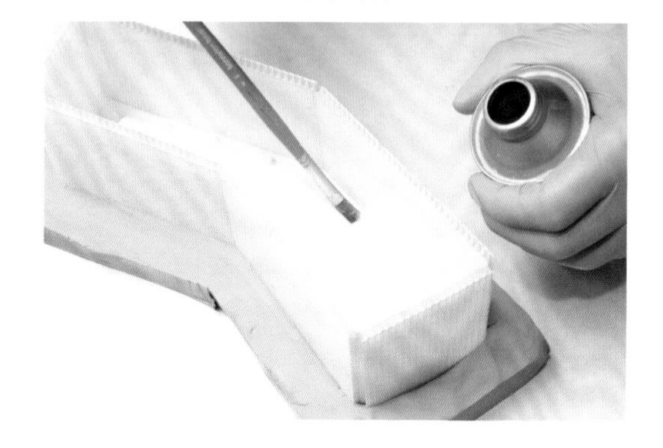

23 依照與 ⑰ ～ ⑲ 相同的作法，將液態矽膠和硬化劑混合之後，再混合增黏劑，順著石膏倒進去使之凝固。

24 凝固之後，依照與 ⑳ 相同的作法，取下外框等，只取出石膏的部分，然後削除石膏的銳角。將石膏再度與矽膠部分重疊。

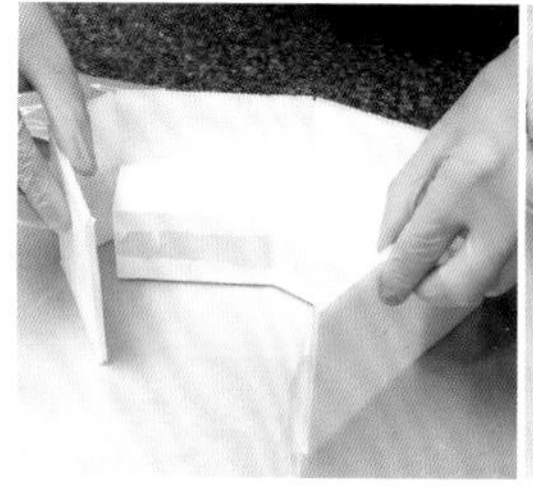

25 因為 ⑬ 的 A 部分容易有油黏土殘留，所以要以小刀的刀尖清除乾淨。

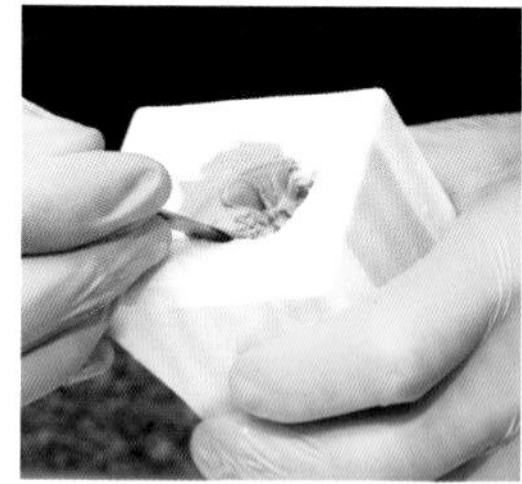

26 使用小畫筆將液狀脫模劑均勻地塗抹在已經清理乾淨的 A 部分（凹陷處），然後豎立在筒狀的容器中，將混合了硬化劑的矽膠藉著筷子的輔助流進去，填滿凹陷處。放置在室溫中凝固。這個將會變成巧克力注入口的蓋子。

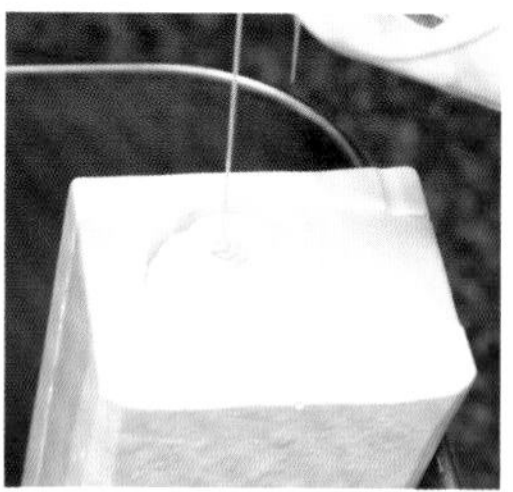

27 取下石膏和矽膠的模具，然後取出中間的模芯。

IDEA：製作模具

不使用石膏，改以其他素材予以輕量化&提升強度

之前介紹製作模具時，主要是以矽膠來塑形，並在周圍以石膏支撐後製作成模具。雖然這是比較容易進行的方法，但是使用矽膠和石膏製作的模具也有個缺點，就是很沉重。因此我想出使用矽膠和不飽和聚酯樹脂製作的方式。可以把模具做得很薄，而且凝固得很堅硬，強度也很高。此外，把模具做得很薄，就能使倒入模具中的巧克力快速凝固，這也是一大優點。以下將介紹這個方法。

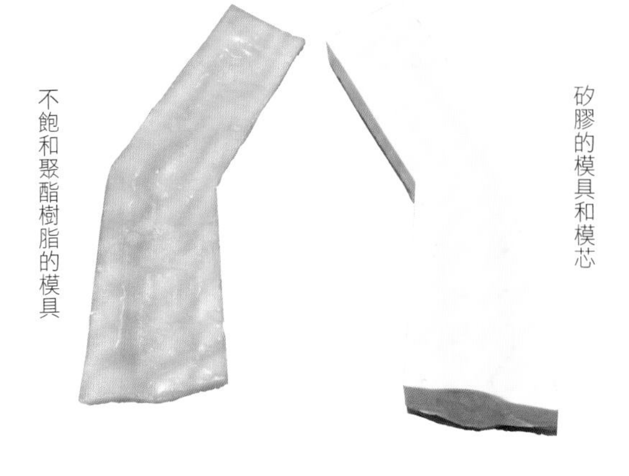

〔材料・器具〕

不飽和聚酯樹脂：以 FRP（纖維強化塑膠）為代表的塑膠製品原料。這次使用的則是 KANKI 化工材的產品。

紗布：非常普通的紗布。使不飽和聚酯樹脂滲入紗布中，讓它凝固。

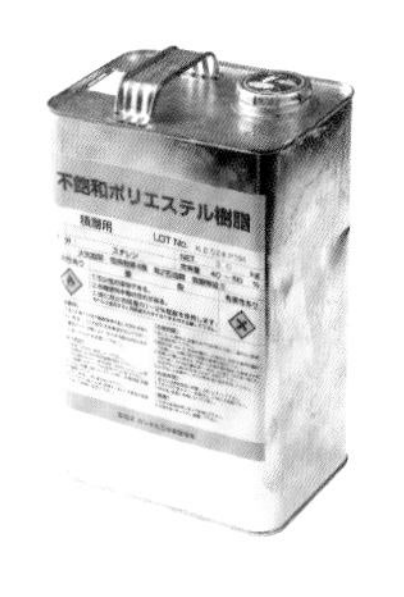

1 依照使用矽膠和石膏製作模具時的流程 ① ～ ⑱，進行相同的作業，以矽膠覆蓋模芯。

▶ 覆蓋完後，因為最外側的不飽和聚酯樹脂的強度很高，所以比起用石膏＋矽膠製作模具時，液態矽膠＋增黏劑那一層即使很薄也 OK，這也是拜輕量化的優點所賜。比起不使用石膏而只以矽膠製作模具的情況，兩者矽膠層的厚薄度高下立判。

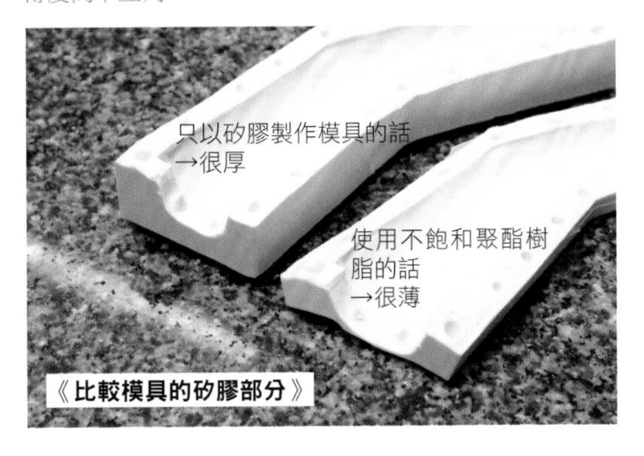

2 在 ① 的上面鋪滿紗布

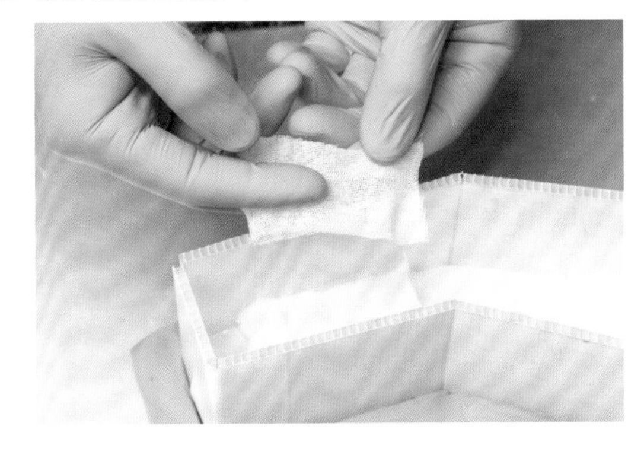

▶ 使用毛巾的話，凝固了之後，有時纖維起毛的質地會殘留在表面，所以最好使用不易起毛的紗布。

3 將不飽和聚酯樹脂和硬化劑混合，以刷子塗抹使它滲入紗布中。就這樣放著直到凝固為止。凝固之後就完成了。反面也以相同的作法製作模具。

製作零件 ①

〔製作基座和支柱〕

支柱與初級篇一樣，將巧克力倒入以保麗龍製作的模具中，待凝固後製作而成。基座與中級篇一樣，活用園藝用的花盆托盤製作。不過，因為目標是要使支柱具有穩固支撐住主體的強度，所以支柱的上部和下部都分別增加了貼合的零件片數。基座雖然用的是與中級篇一樣的基座，但是是以稍大一點的花盆托盤製作之後疊在一起成形。

基座

1 依照與中級篇的基座相同的作法，使用園藝用的花盆托盤製作基座。作法參照 107 頁。而且，為了更加提升強度，還使用了比中級篇時尺寸更大的花盆托盤來製作基座的零件。

支柱

1 依照與初級篇的支柱相同的作法，使用保麗龍製的巧克力模具製作支柱的零件。作法參照 90 頁。不過因為目標是提升強度，所以支柱的上部和支柱的下部都要分別在 2 邊的外側各追加 1 片零件（共計 4 片）。

製作零件 ②

〔男性指揮家 其他〕

將巧克力倒入在「製作模型和巧克力的模具」單元中所製作的矽膠和石膏模具裡，製作男性指揮家的各個零件。此外，製作其他搭配的花朵、葉片、藤蔓，然後上色。

男性指揮家

1 再次合併在「製作模型和巧克力的模具」單元中，所製作的矽膠和石膏模具零件，然後將捆包用的保鮮膜緊密地捲起來固定。

2 將黑巧克力倒入模具中，使之凝固。照片所示為右臂的模具。其他的零件也以相同的作法製作（以下同）。此外，臉孔和手是使用白巧克力製作。

▶ 從手臂根部的洞口倒入巧克力。

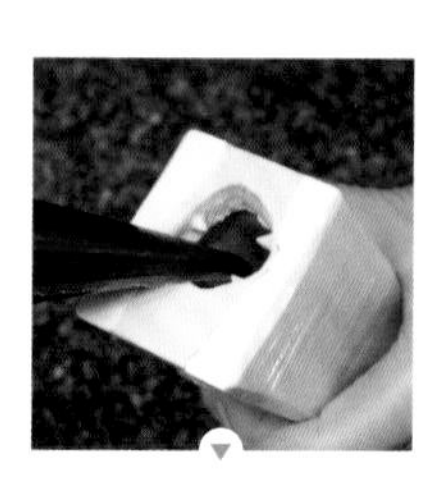

▶ 在照片中箭頭的部分倒入巧克力，分量大致上全部填滿。

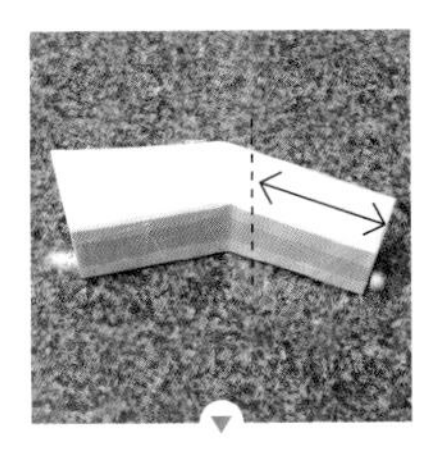

▶ 蓋上蓋子，以轉動模具等方式，將模具中的巧克力迅速地轉動，讓它分布在全體之中。最後，將身體側的黏接面朝下，使之凝固。

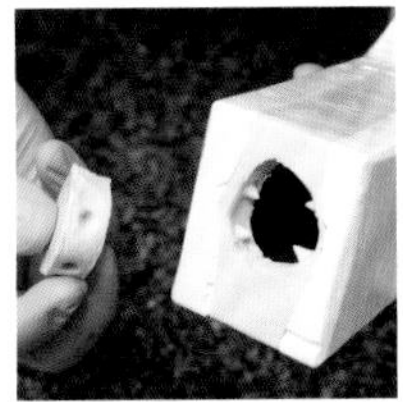

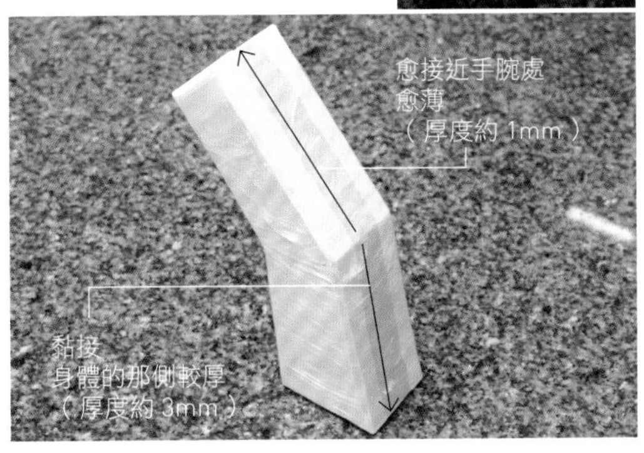

▶ 中心不僅形成空洞，而且已經盡量做得非常薄，如此一來既可使零件變輕，組裝之後也會變得比較耐得住重力，可以製作出大型又生動的作品。最後將身體側的黏接面朝下，並使之凝固這一點也很重要。因為這樣可以使得主體工藝作為支柱的身體黏接面，變得稍微厚一點。

3 巧克力凝固之後，即可取下石膏和矽膠的模具，然後取出巧克力。

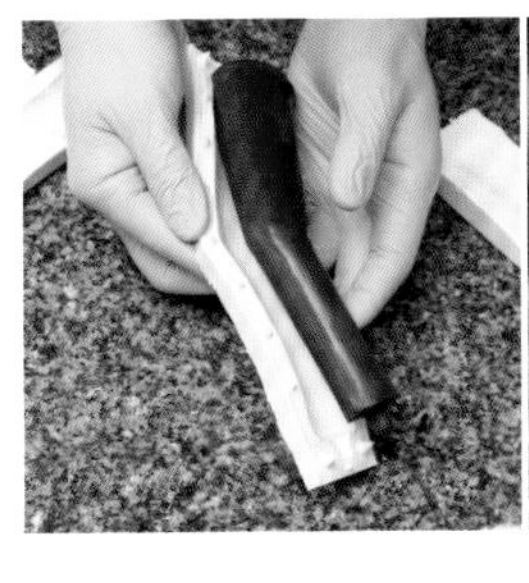

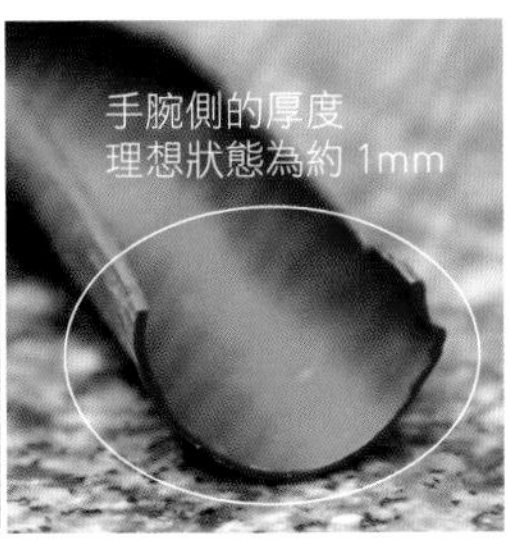

▶ 因為矽膠模具做得較薄，能夠柔軟地彎曲，所以可以在不對巧克力產生負擔的情況下脫模。

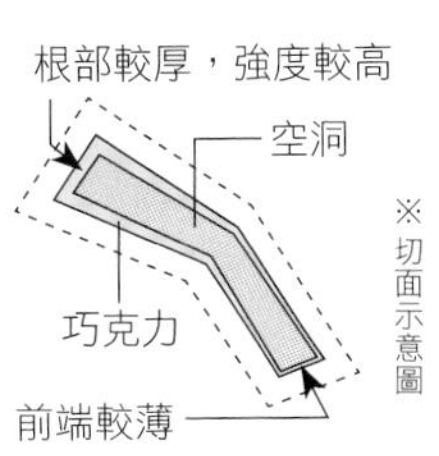

花、葉片、藤蔓

1 分別依照初級篇或中級篇相同的作法製作，然後上色。作法參照 91 頁、93 頁、108 頁。

基座和支柱的上色・組裝完成

依照與初級篇或中級篇相同的作法，分別組合支柱上部的零件和下部的零件。將以較大花盆托盤製作而成的基座上色之後，重疊在中級篇的基座上面，再將下部和上部的支柱也黏接起來，然後上色。這次要將基座和支柱的外側加工成如同金屬般厚重的質感。

〔器具〕

海綿滾筒刷：用來在有光滑平面的基座上製造有感覺的紋路。

1 依照與初級篇相同的作法，分別將支柱上部的零件、支柱下部的零件組合起來。不過，兩者都要比初級篇多增加貼合的零件，提升強度。

2 將基座上色。以海綿滾筒刷沾取大量的黑巧克力，塗在基座上。在 10 ～ 15℃的溫度帶（以下同）中凝固。

▶ 因為調溫過後放置了一陣子的巧克力稍微帶有黏度，所以使用海綿滾筒刷塗抹時，就能夠適度地製造出凹凸的紋路。

3 以刷子沾取青銅色的色粉，為基座上色。將刷子垂直貼著②中製造出來的凹凸紋路刷動，以拂過凹凸紋路的感覺抹上色粉。

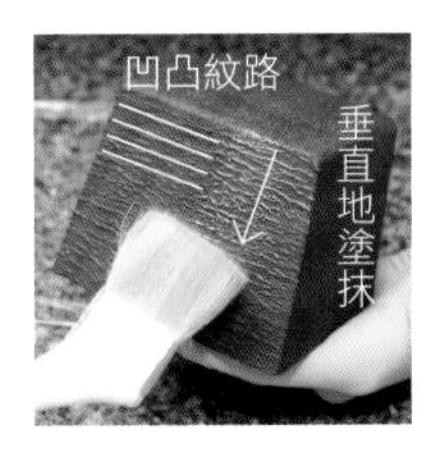

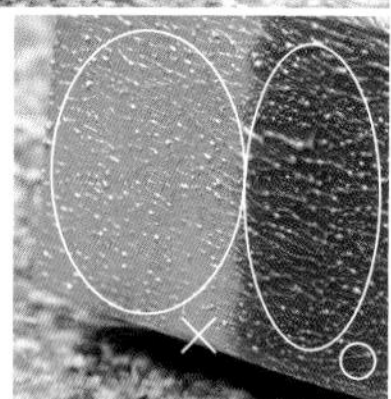

▶ 如果塗上太多青銅色的色粉，成品會變得像金塊一樣，失去巧克力的樣子，請多加留意。

4 將 ③ 重疊在中級篇的基座上，黏接起來。將支柱下部的零件黏接在那上面，然後再將上部的零件安裝在下部零件的上面。

5 為支柱上色。支柱的中心依照與中級篇相同的作法上色，表現出木頭的質感（參照 113 頁）。支柱的外側則依照 ② ～ ③ 的作法製作，呈現出與基座相同的金屬質感。

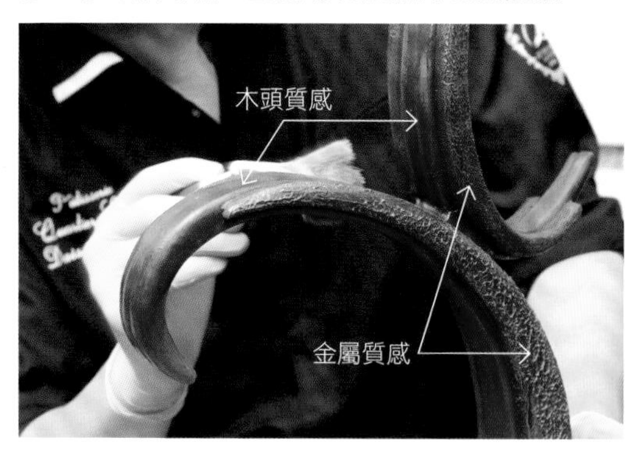

▶ 支柱刻意混搭木頭和金屬的質感，即可表現出金屬感覺的紋路，也會更加突顯出它的厚重感。

主體的組裝・上色

將主體的男性指揮家零件，一邊留意最後的觀賞方式，一邊確認角度和黏接位置，安裝在基座上組合起來，並且為臉孔和服裝上色。

1 將腳安裝在腰圍上，手臂安裝在身體上。分別在黏接的部分擠上黑巧克力，黏接起來。

▶ 將腋下的皺褶當成記號，就不會找不到黏接的位置，也很容易就符合平衡。黏接要與巧克力凝固的時間賽跑，所以處處都需要能盡快決定黏接位置的記號（在製作模具的階段先備妥）。

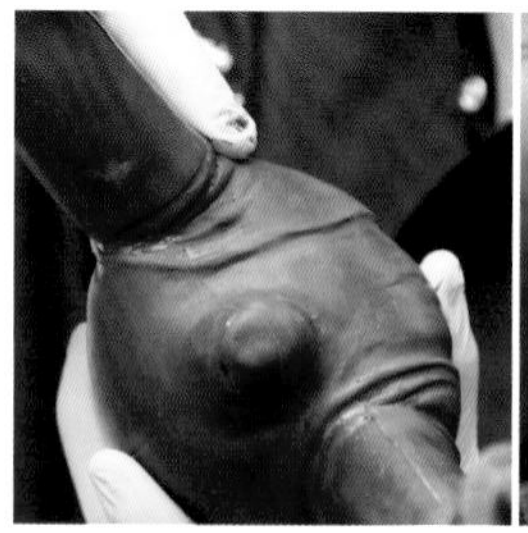

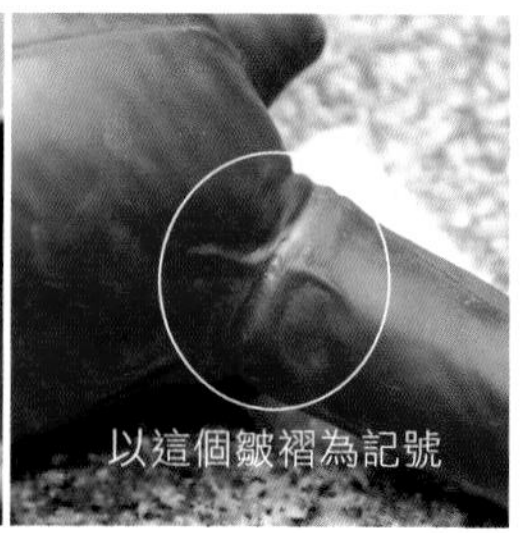

2 依照與 ① 相同的作法，將腰圍黏接在支柱上，靴子黏接在左腳踝和基座上。此外，支柱和基座的黏接部分，先以加熱過的湯匙背面融化上色的部分。右腳也以相同的方式黏接。

▶ 為了提升下半身的黏接強度和穩定感，最好將兩隻腳分別做出「2 個固定點」。

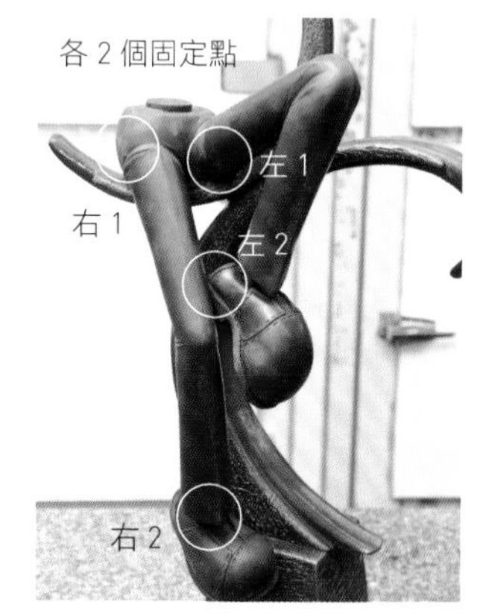

3 將上半身和下半身黏接起來，燕尾服的衣襬也黏接上去。左臂的手肘也黏接在支柱上，做成 2 個固定點。

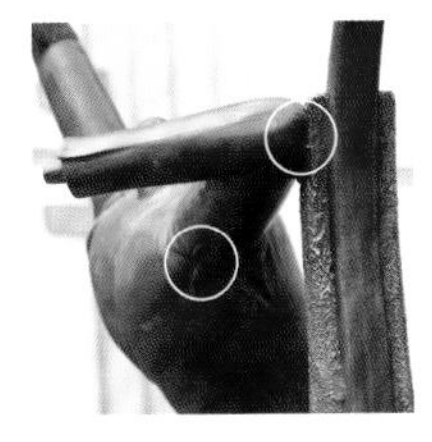

4 為了不要讓顏色染到支柱上，先以保鮮膜覆蓋支柱後再上色。首先，以空氣噴槍噴上最明亮的焦糖色液體色素。

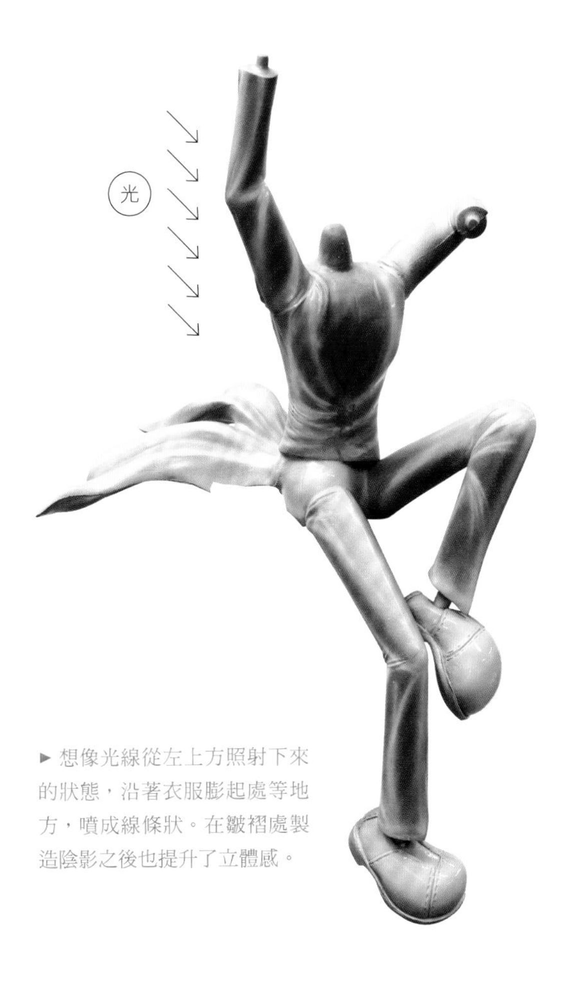

► 想像光線從左上方照射下來的狀態，沿著衣服膨起處等地方，噴成線條狀。在皺褶處製造陰影之後也提升了立體感。

5 將紅色和綠色以 3 比 1 的比例混合成紅褐色液體色素，噴在燕尾服上。靴子則以紅色上色。

► 因為已經在④中製造了陰影，所以全體均勻地噴上相同的色調也 OK。

6 將紅色和綠色以 1 比 1 的比例混合成的褐色液體色素，噴在衣服皺褶的溝槽、側腹和靴子側邊等，想要表達質料收緊的部分。

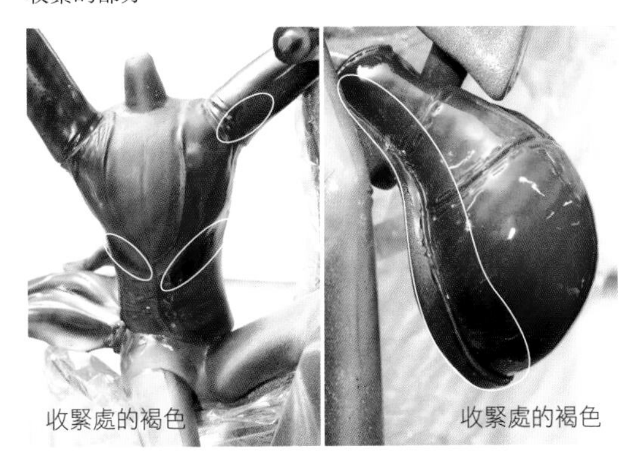

► 以暗一階的顏色讓溝槽看起來更凹陷，呈現深度。

7 在想要讓它最暗的部分噴上黑色的液體色素。

► 腋下、衣襬的溝槽、衣服皺褶的溝槽、手臂下的陰影，只在這些部分噴上黑色，就能有效地產生陰影。此外，靴底也以黑色充分上色，表現出像橡膠一樣的質感。

8 以銀色的液體色素為長褲上色。衣襬和肩膀也稍微在最明亮的地方噴上銀色的液體色素。在腿的內側噴上黑色製造陰影。

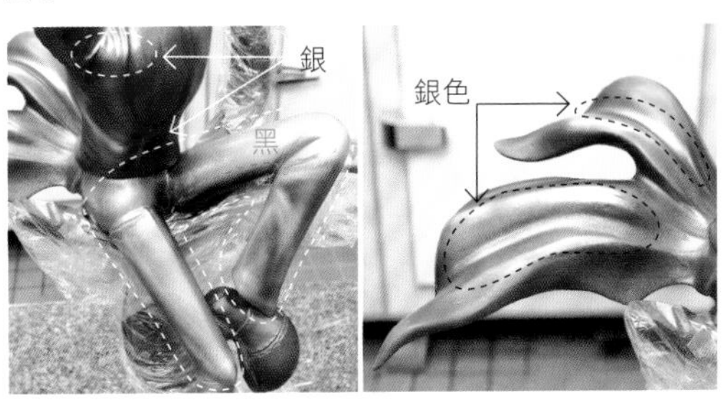

9 以黑巧克力黏接臉和手，依照順序噴上以黃色、橙色、綠色和紅色各相同比例混合而成的褐色，表現鮮明的輪廓。

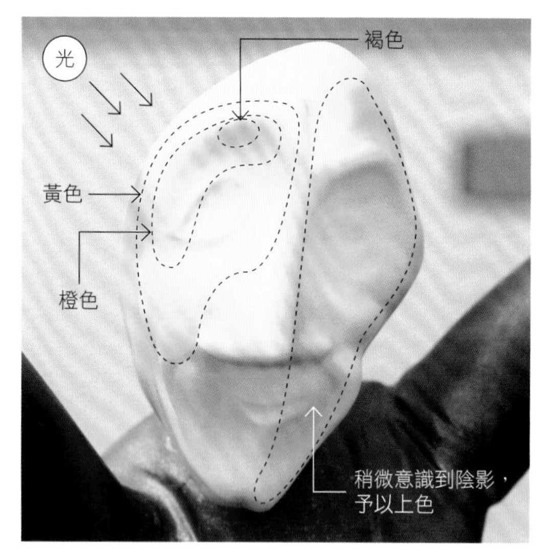

► 將略帶一些黃色調的白巧克力當成最明亮的色調，以3種顏色的漸層自然地製造出陰影。

10 以白色的液體色素在相當於眼睛的部分上色。

主體的裝飾・配件的組裝・完成上色

在主要的臉孔周圍安裝零件或是上色，完成主體的男性指揮家。將配件的零件適當地上色之後，再安裝上去就完成了。

1 製作指揮棒。將 OPP 塑膠紙捲成細長的圓錐筒狀，倒入白巧克力，使之凝固。

► 預先在圓錐筒的前端開個洞，排出空氣後，巧克力就能順暢地流進去。

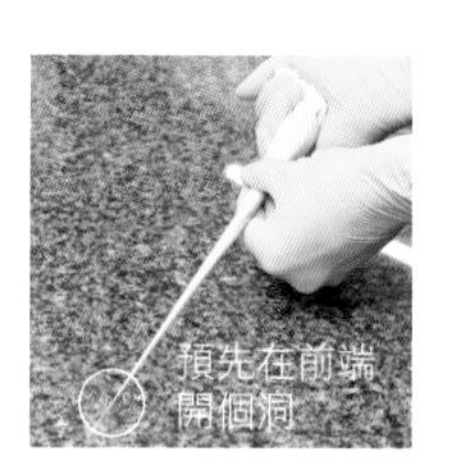

2 依照與中級篇相同的作法製作花朵，一邊製造漸層色一邊上色（這次使用粉紅色和紅色），噴上與蒸餾酒混合而成的銀色色粉，讓花朵蒙上輕柔的光輝。

3 以黑巧克力和白巧克力製作眼球（參照110頁），再以白巧克力黏接上去。

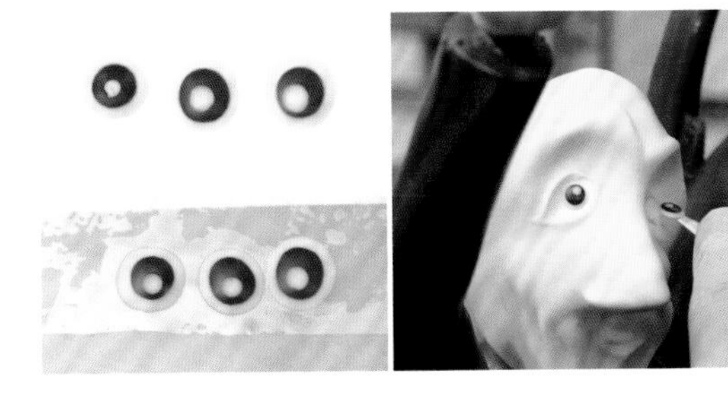

4 以攪打成黏土狀的白巧克力製作鬍鬚和眉毛，分別將形成陰影的部分以黃色和橙色上色。以白巧克力黏接在臉上。

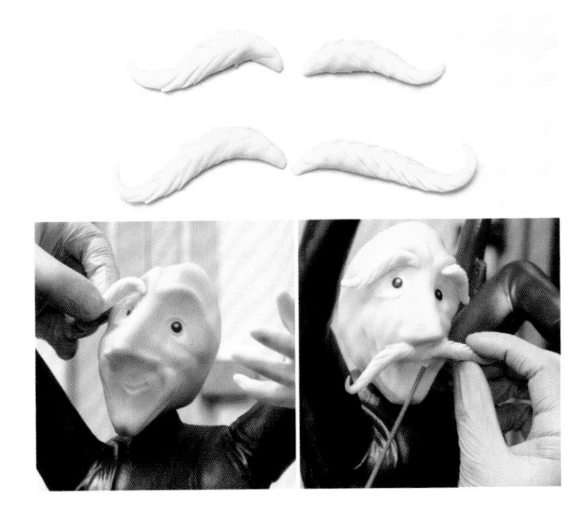

5 製作頭髮。以塗了薄薄一層沙拉油的OPP塑膠紙夾住攪打成黏土狀的白巧克力，以擀麵棍擀薄之後，再以小刀切出長方形。讓髮尾捲起來，將該部分以冷卻噴霧器使之變硬。順著頭部的弧度以白巧克力黏接起來，再以冷卻噴霧器使之固定。

▶ 因為使用柔軟的黏土狀巧克力，一邊黏接一邊塑造頭髮的角度，所以能夠使具有躍動感的頭髮展現彎曲起伏和動感。

6 安裝在胸口、脖子、手腕處的波浪狀褶邊，以「扇形」來製作。作法參照80頁。

7 將黏土狀的巧克力擀薄之後當作襯衫，以調溫過的白巧克力黏貼在胸口。將⑥重疊在它的周圍並黏接起來。將⑥也捲在脖子和手腕處，以白巧克力黏接起來。

8 以用力擰乾的冰冷濕布巾磨擦靴子，磨出光澤。

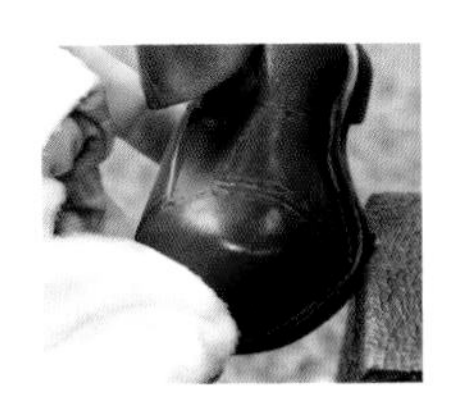

9 以黑巧克力黏接花朵、葉片和藤蔓，以白巧克力將指揮棒黏接在右手。藤蔓的末端噴上白色的液體色素，強調線條。

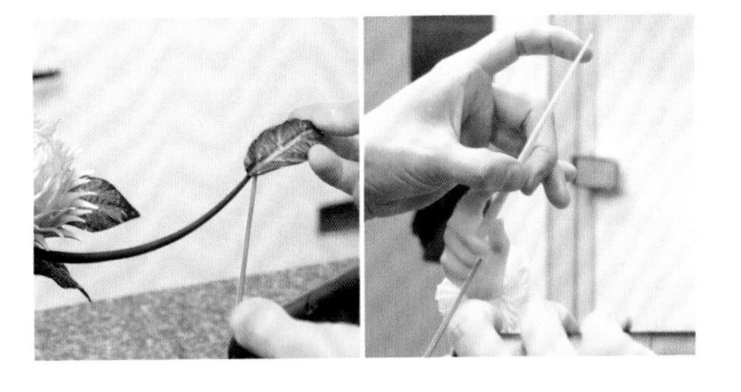

拉糖藝術&巧克力工藝

特別篇

將糖和巧克力各自的魅力和
兩者合作後獨有的表現發揮到極致

Special

充分發揮糖和巧克力
各自原有的特色，
同時也意識到作品整體的統一感。
花朵和葉片等一部分的基本零件
都分別以糖和巧克力製作而成，
主角的兔子，以及兔子坐著的支柱
則是融合糖和巧克力的零件，
追求唯有兩者合作才能呈現的效果。
在本體之外，還準備了小島的工藝，
附加在本體旁邊使作品的世界觀更為寬廣。
這是件超過一公尺的出色作品。

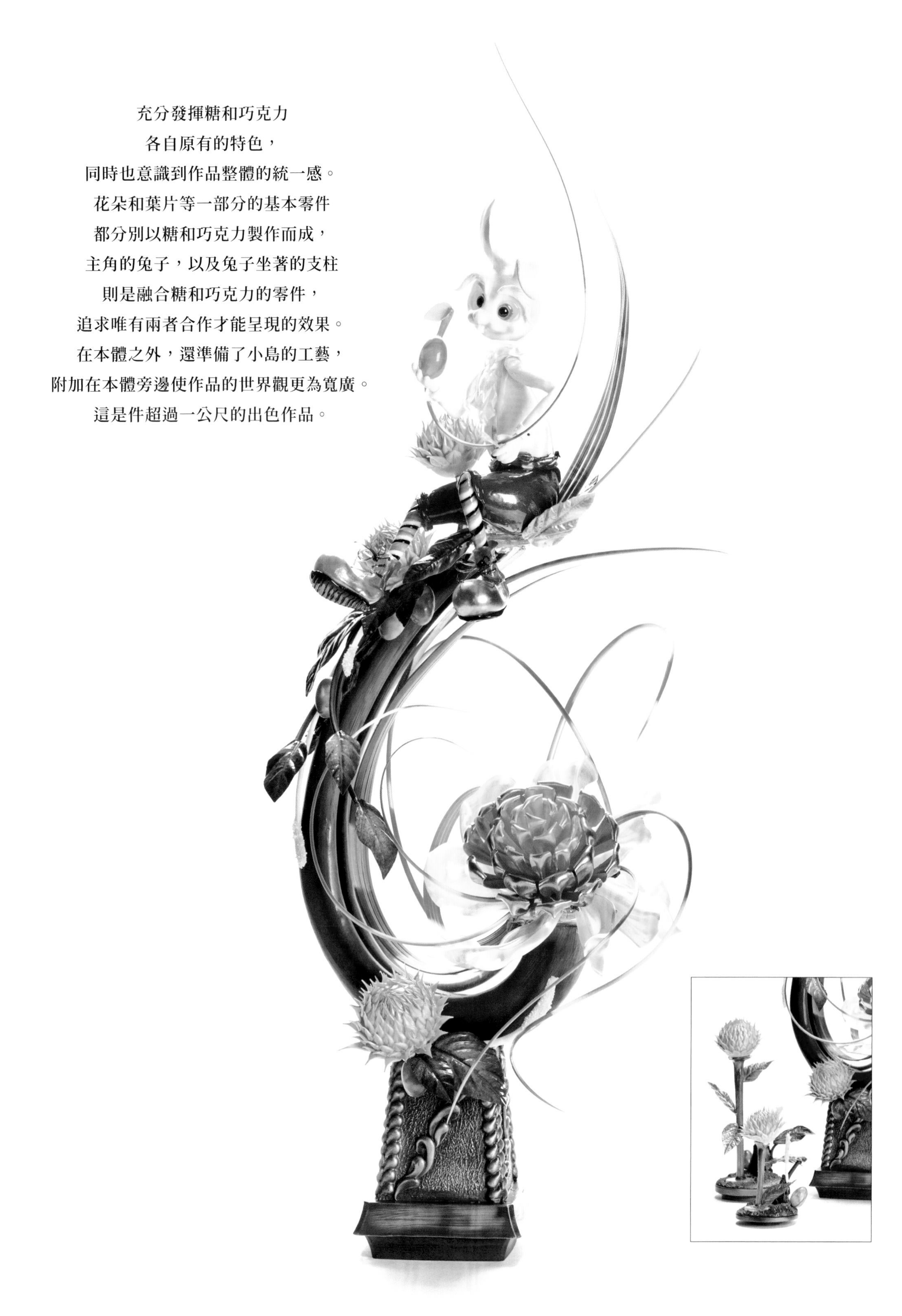

熠熠生輝美麗動人的拉糖藝術，
與表現厚重寫實感的巧克力工藝兩者的融合

這個作品中所使用的技術，全都是以從初級篇到高級篇介紹的技術為基礎。比方說，大型花朵的糖工藝是由基礎的玫瑰花發展而成的。讓花朵看起來更大、更豔麗的技術，可以說是很接近玫瑰花的製作手法。

主角的兔子是糖與巧克力兩者的合作演出。除了頭部以外的主要零件是使用糖來製作，以徒手塑形表現出糖工藝獨有的空氣感和細微的動態。另一方面，頭部和手部則使用巧克力製作，充分利用霧面的質感，發揮巧克力獨有的自然寫實表現。像是美麗的裝置藝術般的氣氛，與栩栩如生的造形融為一體，正是可以感受到糖和巧克力攜手合作的工藝品。

競賽的樂趣在於，可以遇見與自己不同的觀點或創意，而且必須在各種場合的當下就做出判斷，且這樣的判斷，有時候會使作品在最後完成時產生微妙的變化，同樣也是很有意思的地方。彼此之間在某種程度上共同擁有作品的方向性或全貌，並著手進行製作，但有時又會有新的創意閃現，也可能會產生意想不到的麻煩。像這樣各式各樣的突發狀況，使製作的流程時時刻刻都在改變。不能脫離腦海中的成品印象太遠，卻又可以成形的更完美所需的判斷力和應變能力，在競賽的場合中，將會變得更加重要。

——赤崎哲朗

糖和巧克力的合作，以發揮各個素材原有的特色為大前提。具有厚重感的基座、以模仿樹皮的裝飾製作接近真實質感的支柱等，處處點綴著巧克力獨有的表現手法，與輕盈的糖工藝形成對比。除此之外，當作品裡滿載著糖和巧克力無法獨力完成的表現時，就能增加作品全體的統一感，大大地提升了完成度。

因此，重要的是，要事先充分了解糖和巧克力的特性。譬如這次，製作出與巧克力製作的支柱相同形式的糖工藝，將它組裝在支柱中央。雖然看起來像是要使人注意到「僅利用一個基本零件，讓糖和巧克力各自展現」這件事，但事實上目的不僅止於此，提升黏接的強度也是其中一項。雖然將各式各樣的糖工藝安裝在巧克力的支柱上，但是「巧克力 × 糖」的黏接強度很低。將糖工藝納入支柱裡，將它作為支柱的黏接點，「糖 × 糖」的黏接就變得可行，因而提高了黏接強度。

此外，在黏接方面，也要注意溫度。糖要以高溫來黏接，但是那個熱度對於巧克力來說恐怕會融化。因此需要將細小的部分以烙鐵進行作業，或是納入為了避免熱能直接傳導至巧克力而另外黏接糖工藝的基座等，兩者的合作也是必須花費心思的。

——冨田大介

《糖》— 支柱中央的工藝

參照：支柱模型的製作方法（巧克力初級篇）

1 準備保麗龍做的支柱模型（製作巧克力的支柱時使用的模型），緊密地沿著它的周長將桌墊裁切下來。有角度的部分，只要在桌墊的外側切入切痕，就能彎摺得很好看。桌墊的寬度是 1.8cm。 A

► 這裡要製作的糖工藝零件，最後會嵌入巧克力支柱的中央。糖工藝零件嵌入巧克力支柱的安裝部分，寬度為 2.0cm。因為將糖工藝零件做成符合該尺寸厚度的話可能會不適用，所以厚度稍微設計得小一點。桌墊的寬度是 1.8cm，倒進那裡面的糖漿由於表面張力的作用，最後糖工藝零件的厚度應該會變成 1.9cm，請以這樣的概念來製作。

2 製作油黏土的堤防。將油黏土搓滾成棒狀，調整並與桌墊的寬度、長度對齊。 B

► 先將油黏土的寬度做得厚一點。做得很薄的話，倒入糖漿之後，在翻模的期間，可能會連同桌墊一起倒下來，或是桌墊會受倒進去的糖漿推擠，因而浮上來。

3 將 ② 的表面切除，修整成四方形的棒狀。 C

4 將切下來的桌墊緊密地沿著保麗龍的支柱模型貼緊。

5 將油黏土緊密地沿著切下來的桌墊貼緊。這個時候，為了避免桌墊浮上來，要從上面壓住桌墊，將油黏土貼上去。 D~E

6 將竹籤斜斜地插入保麗龍的支柱模型中，把模型拔出來。 F~G

7 倒入黃綠色的流糖用糖漿，就這樣放置一陣子讓它凝固。再以同樣的方法製作圓盤狀的零件（黏接在支柱上，作為放置主體工藝的基座使用）。 H

8 在支柱內側凹陷的部分擠入黏接用的巧克力，將用糖製作的支柱中央零件黏接進去。 I~J

► 為了避免印上指紋等，在這個時間點，讓翻模時所貼的桌墊就這樣先貼著備用。

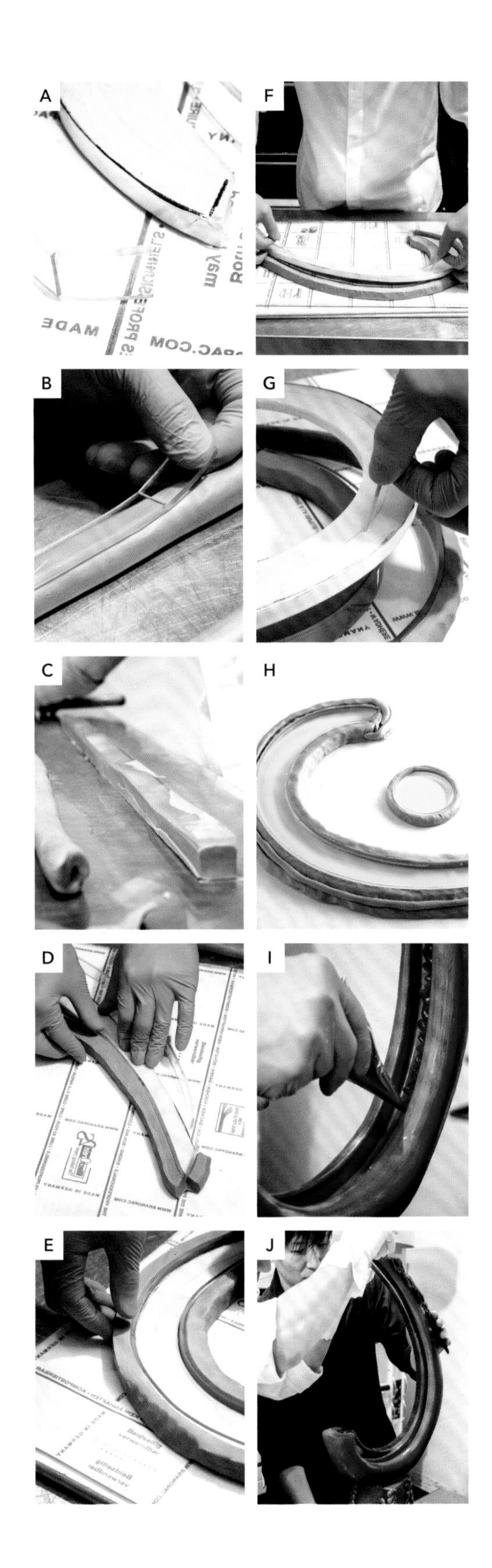

《巧克力》－ 支柱的裝飾／基座的上色

支柱的裝飾

參照：支柱的製作方法（巧克力初級篇）、
支柱的上色（巧克力中級篇．高級篇）

1 製作樹皮。將黑巧克力調整成大約 50℃，在溫度下降的過程中攪拌巧克力（調溫）。在刻意保留巧克力小顆粒的狀態下結束調溫的作業。 A

2 在貼有 OPP 塑膠紙的板子上擺放適量的①，以用刮刀的角咚咚碰撞的感覺敲打巧克力，使它變成細長狀。就這樣放置一陣子讓它凝固。 B~C
► 適度地保留小顆粒，而且將厚的部分和薄的部分混在一起刻意草率地成形，可以表現出樹皮的質感。粗獷感也是很有巧克力感覺的一種呈現方式。

3 要黏接樹皮的支柱部分，以加熱過的抹刀抹過去，使表面的可可脂（已經上色的部分）融化，確實地去除可可脂。融化至看得見下面的巧克力狀態為止。 D~E

4 在支柱已經融化的部分，以黑巧克力黏接數片樹皮。 F~I
► 以刻意將樹皮的一部分重疊的方式黏接起來。雖然具有空氣感的表現是糖工藝擅長的領域，但是以巧克力來說，藉著在零件的組合方式下工夫，適度地製造空隙，也可以呈現出空氣感。
► 支柱的內側做成裝置藝術的感覺，外側則想要做得比較自然，雖然目標是如此，但是也要注意兩者的感覺不能相差太遠。因此，雖然外側呈現自然的樹木質感，但也不必達到太過真實的地步。

5 以矽膠刷將黑巧克力塗在樹皮上面。 J~K

6 把焦糖色的液體色素直接滴在樹皮上面，用手指以搓揉進去的方式塗抹開來。 L~M

7 用廚房紙巾擦掉多餘的色素，然後用手指撫摸表面，製造焦糖色強的部分和弱的部分，表現出顏色的深淺。 N

8 在各處滴上少量的綠色液體色素，用手指以搓揉進去的方式塗抹開來。 O~P

9 以空氣噴槍在某些部分噴上綠色的液體色素。這個時候，想要明亮的部分，先以冷卻噴霧器噴過之後再噴上色素，想要暗一點、表現陰影的部分，則直接噴上色素。 Q~S
► 以冷卻噴霧器噴過之後再噴上色素的話，就會立即凝固，形成帶有顆粒感的質地，色調淺、較為鮮豔（左下照片）。另一方面，沒有以冷卻噴霧器噴過，直接噴上色素的話，

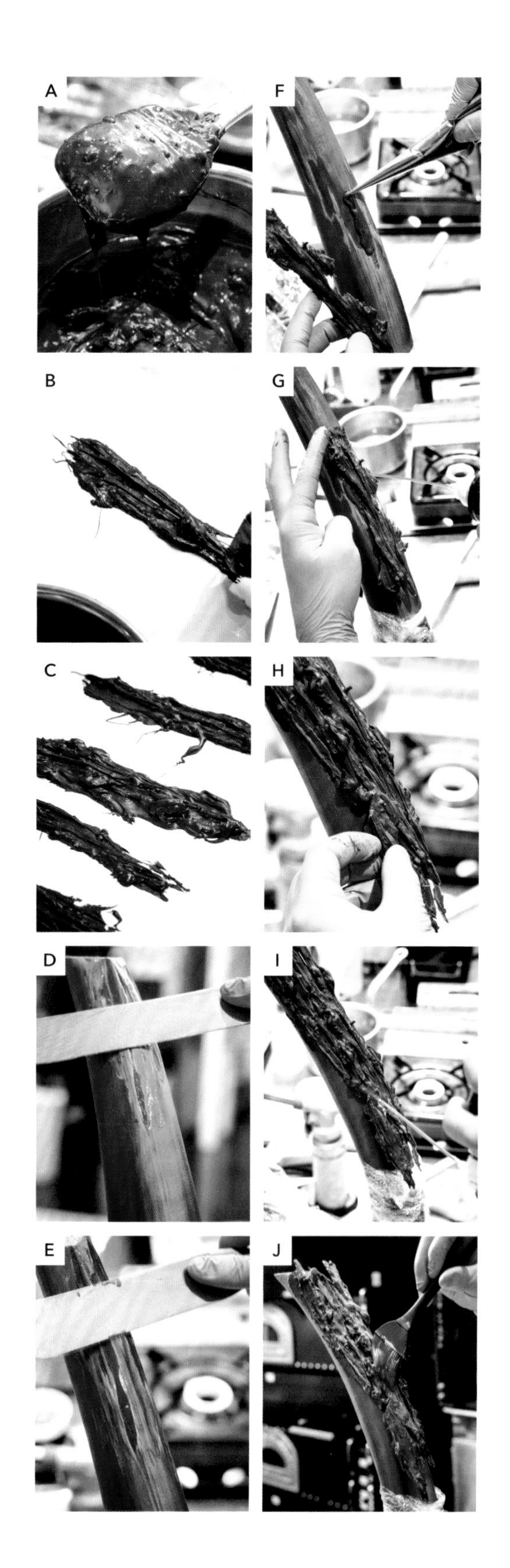

就會形成光滑的質感，變成具有深度的濃色調（右下照片）。分別使用這些方法來表現明暗。

基座的上色

參照：基座的製作方法（巧克力中級篇）、
基座的擠花（巧克力基礎篇）、
基座的上色（巧克力中級篇．高級篇）

10 在基座想要表現出顏色堆積的部分，以刷子拍上青銅色的色粉。 T

► 在某些部分拍上青銅色的色粉，使色粉所產生的金屬性色調，與巧克力才有的、具有深度的霧面色調共存。明度和彩度範圍較為寬廣者，比較能呈現出厚重感。

► 想要以巧克力做出閃亮的色彩表現時，一般都是噴上金屬系顏色的色粉，但是請注意，以這個方法過度上色的話，品味會變得低俗，而且巧克力原有的特色也會變得模糊。

《巧克力》－ 花朵的上色／蛋形的工藝

花朵的上色

參照：花朵的製作方法（巧克力初級篇）、
花朵的上色（巧克力中級篇・高級篇）

1 將仿造花朵的巧克力工藝品放在旋轉台上，一邊轉動旋轉台一邊以粉紅色的液體色素上色。 A~C
▶ 空氣噴槍要固定噴筆的噴嘴方向，同時上下移動，一邊轉動旋轉台一邊噴上顏色。從固定的方向噴上顏色就很容易製造出陰影。

2 噴上以蒸餾酒「Spirytus 96°」（Polmos Warszawa）15g 攙入銀色色粉 1g 溶解而成的溶液。 D~E
▶ 帶有金蔥感的銀色色粉也有以可可脂溶解之後使用的方法，但是那樣的話，會被可可脂遮蔽住閃亮的光澤，光輝會變弱。以酒精濃度高、容易揮發的蒸餾酒溶解後噴上去，就能漂亮地固定住，產生閃亮的光澤。

蛋形的工藝

參照：花朵軸心球體的製作方法（巧克力初級篇）

3 模具調整為 18℃，液體色素調整為 22℃。
▶ 為了讓液體色素在④製造出斑紋後就立即凝固，預先調整成快要凝固前的溫度（已經調溫的狀態）。

4 將紅色和橙色的液體色素滴入模具中，然後以空氣噴槍噴上黃色的液體色素。 F~H
▶ 將先前滴入的 2 種液體色素，以空氣噴槍噴氣的力道吹動，一邊形成斑紋一邊將色素分布到模具的邊緣。
▶ 因為將液體色素調整到快要凝固前的溫度，而為了要在還沒凝固時就完成作業，每次將以小單位進行作業。

5 將模具翻過來，在廚房紙巾上拍打，去除多餘的色素。 I~J

6 依照跟 91 頁「作為花朵軸心的球體」相同的要領，使用⑤的模具將巧克力塑形，然後兩兩貼合。只是這裡的巧克力使用的是白巧克力。
▶ 在 91 頁，為了在組裝時容易抓到重心，只在半球的單側中擠入了巧克力。但這次為了讓蛋形工藝可以做成很輕盈的成品，所以不擠入巧克力，厚度也盡可能做得很薄。

《巧克力》— 兔子臉孔的上色和裝飾

上色

參照：兔子臉孔的製作方法（巧克力中級篇）、
兔子的上色（巧克力中級篇）、指揮家的上色（巧克力高級篇）

1 將眼睛貼上保鮮膜，遮蔽起來。此外，眼睛以糖工藝進行製作。 A

2 以冷卻噴霧器噴向眼睛的周圍、臉孔全體的輪廓，和耳朵的邊緣等處，然後噴上白色的液體色素。 B
► 以冷卻噴霧器噴過之後再噴上色素的話，就會立即凝固，並形成帶有顆粒感的質地，呈現出淡淡的、明亮的色調。藉此表現出兔子的毛色。
► 如果要使用冷卻噴霧器的話，須注意別讓冷氣噴到用糖製作的眼睛。一旦被冷氣噴到眼睛，就會產生裂痕。

3 以冷卻噴霧器噴向耳朵內側、耳朵背面的耳根、臉頰和鼻子等處，然後再噴上粉紅色的液體色素。 C~D

4 將黃色的液體色素噴在形成陰影的部分，表現臉孔的立體感。 E~F

裝飾

參照：兔子臉孔的製作方法（巧克力中級篇）

5 以食物處理機將白巧克力攪打成黏土狀之後聚集成團，以刀子切入切痕之後，做成眉毛的形狀。

6 將⑤以白巧克力黏接在兔子的臉上。 G~H
► 如果要使用冷卻噴霧器的話，須注意別讓冷氣噴到用糖製作的眼睛。一旦被冷氣噴到眼睛，就會產生裂痕。

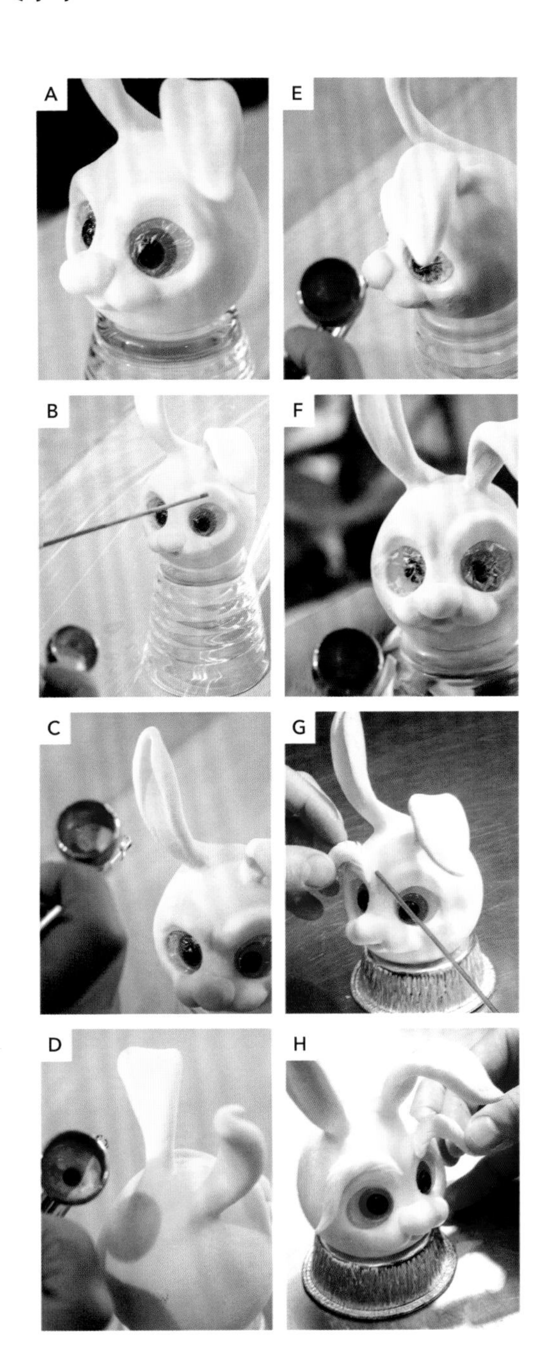

《糖》— 花朵的工藝

參照：玫瑰花的製作方法（拉糖初級篇．高級篇）、花瓣的製作方法（拉糖高級篇）

1 花瓣是使用金色和紅色 2 種顏色的拉糖用糖團製作。拉摺糖團，一邊拉薄一邊拉出光澤。

2 拉開已經出現適度光澤的部分，拉成細長的水滴形之後，用剪刀剪下來。先把糖團稍微拉開，再以另一隻手捏住根部擰在一起，以這個狀態繼續拉開，就會自然形成凹凸的狀態。 A~C

► 當光澤達到最高點時，並不光是拉出花瓣的形狀剪下來就好，而是可以運用一邊拉開一邊讓它自然形成凹凸的高級技術。有了凹凸的部分，受到光線的影響就會更強烈，增添更多的光輝。

3 將前端部分往內側彎曲，製造弧度。反覆進行 ① ～ ③，準備多片金色和紅色的花瓣。 D~E

4 將小型的圓盤狀糖工藝當作基座，再把花瓣的根部沾取黏接用的液狀糖漿，黏接在基座上。一邊觀察全體的平衡，一邊將花瓣一片一片地黏接上去，做成花朵的形狀。 F~H

► 以自然界的花朵為意象，看起來像是從內側擴展到外側那樣塑造出輪廓。

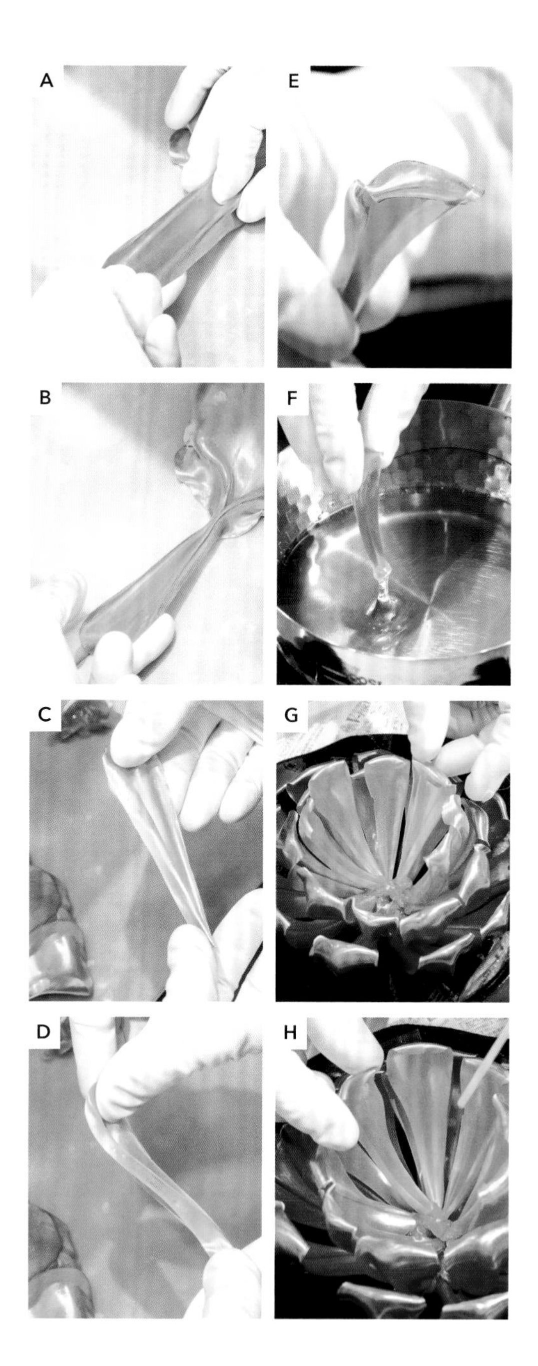

《糖》－花朵的黏接／花瓣的工藝和黏接

花朵的黏接

1 將嵌入支柱中央的糖工藝其中一端（下側）以烙鐵加熱，稍微融化。 A

► 為了黏接糖或巧克力的工藝而融化某些部分時，細小的地方最好使用烙鐵。

2 以瓦斯噴槍的火焰烘烤要安裝花朵的基座（使用塑膠模具製作的半球形糖工藝，以及依照與支柱中央糖工藝相同的作法塑形而成的圓盤狀糖工藝，兩者重疊而成）背面，黏接在①已經融化的部分。 B

3 將黏接用的固狀糖團放在②的上面，以烙鐵融化花朵的底面之後黏接起來。此外，從作業性和平衡的觀點來看，在黏接花朵的工藝之前，也可以先將以糖製作的緞帶和花莖的工藝黏接在基座和支柱上面（參照149頁）。 C~E

花瓣的工藝和黏接

參照：玫瑰花的製作方法（拉糖初級篇．高級篇）、
花瓣的製作方法（拉糖高級篇）

4 拉摺白金色的拉糖用糖團（以無染色的狀態熬煮，煮得有一點點焦之後，再拉摺而成的糖團／以下同），一邊拉摺出光澤一邊拉薄。

5 將已經出現適度光澤的部分拉長成較大的、較具平緩弧度的花瓣，然後剪下來。 F

6 黏接在主體的花朵周圍。 G~J

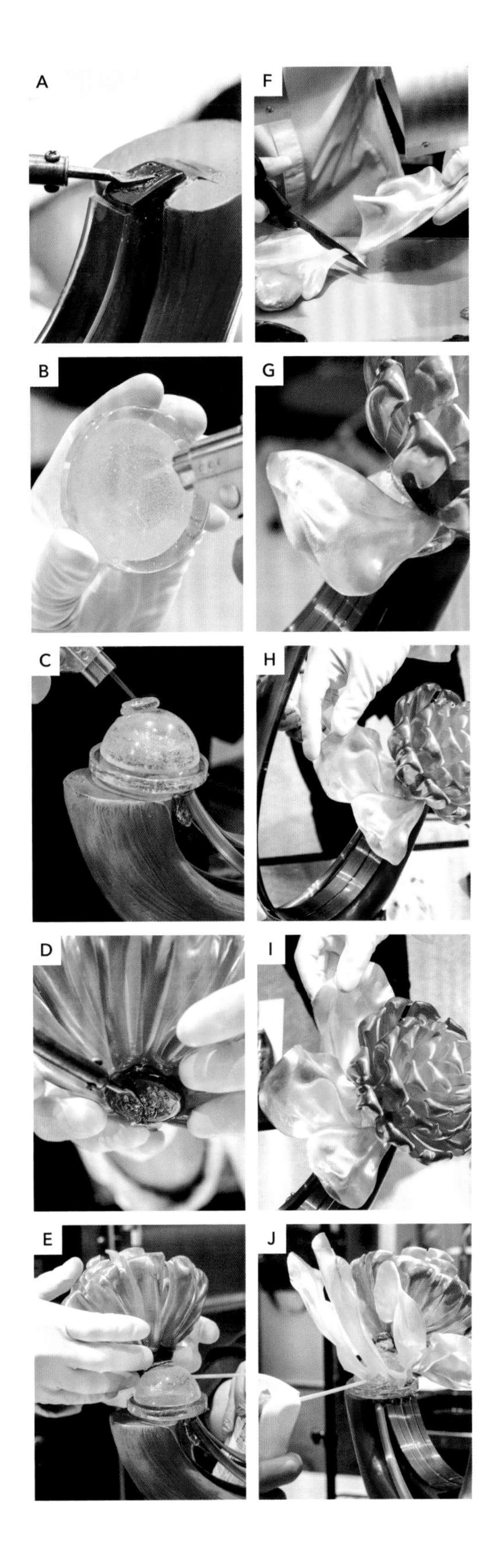

《糖》— 緞帶和花莖的工藝和黏接

拉糖的緞帶

參照：緞帶的製作方法（拉糖初級篇）

1 製作沿著支柱中央安裝的大型緞帶。將2根綠色拉糖用糖團揉捏成棒狀，再將長邊緊密貼合起來，然後把兩端拉長。

2 將①剪成一半的長度，並再次將長邊緊密貼合起來，然後拉長。將這個作業反覆進行數次。此外，如果糖團已經變得相當薄的時候，就將剪成一半長度的糖團重疊在一起，再貼合起來。 A~B
► 因為反覆進行作業的話，縱向延伸的細紋會愈來愈多，所以如果要呈現又大又長的葉片時，葉脈的表現會更加真實。

3 將揉捏成棒狀的無染色拉糖用糖團（未經太多的拉摺，保持透明感的狀態）與②的長邊緊密貼合起來，然後把兩端拉長。 C~D

4 將③剪成一半的長度，以無染色的糖團部分沒有重疊的方向，將長邊緊密貼合、黏合起來，然後拉長。 E~F

5 將④剪成一半的長度，這次以無染色的糖團部分有重疊的方向，將長邊緊密貼合、黏合起來。 G

6 一邊放在保溫燈底下適度地加熱一邊拉長，等全體彎出弧度之後，將前端弄細。 H~I
► 這次因為要配合支柱的尺寸和弧度的狀況，所以偶爾要緊貼著實際的支柱或支柱的模型確認一下形狀。

7 剪掉不需要的部分。用拉糖製作的緞帶除了這個之外，還需要準備設計成捲曲圓弧狀的中尺寸緞帶。 J
► 剪開的時候很容易產生裂痕，請小心謹慎。

吹糖的花莖

參照：白海芋花莖的製作方法（拉糖初級篇）

8 拉摺綠色的吹糖用糖團，拉出光澤。出現光澤、變成均一的厚度之後，便迅速地戳出凹洞，包覆幫浦的管子前端，緊貼在一起。

9 用手按緊糖團和幫浦的管子緊貼在一起的部分，一點一點地灌入空氣，待空氣進入之後用手一邊把糖團拉長，一邊把前端弄細。 K~L

10 變成適當的長度之後剪掉不需要的部分，迅速地摺彎，製造弧度。

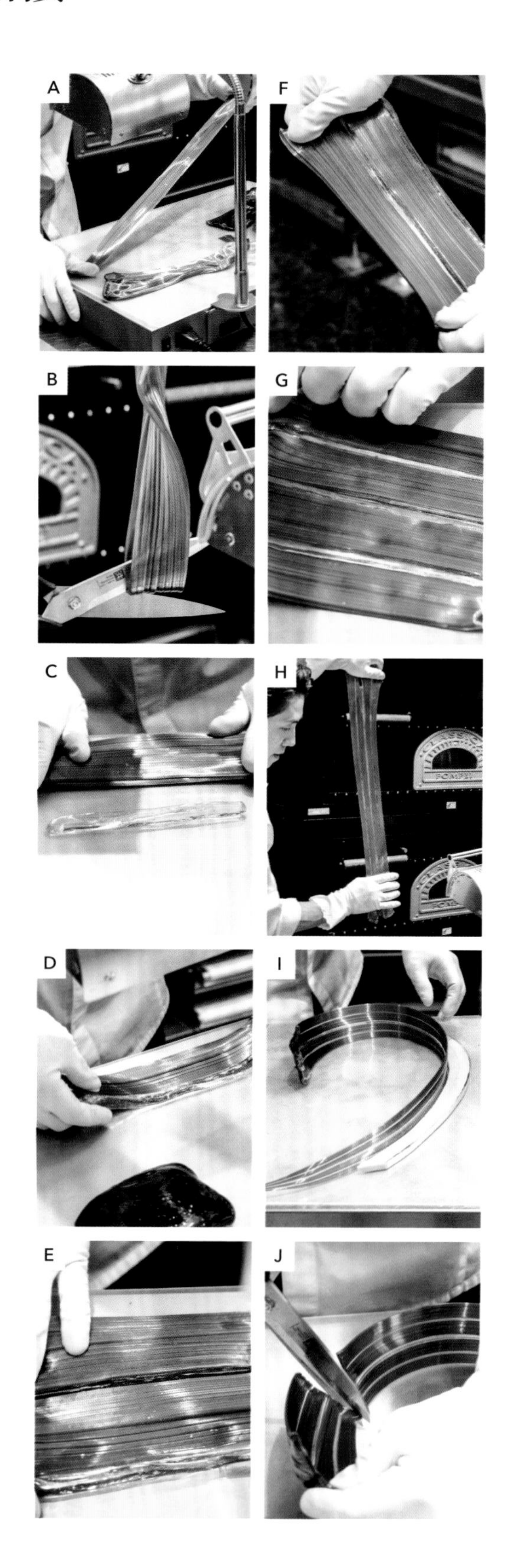

► 這次因為要配合支柱的尺寸和弧度的狀況，所以偶爾要緊貼著實際的支柱或支柱的模型確認一下形狀。

黏接

11 安裝拉糖的大型緞帶。將黏接用的固狀糖團放在緞帶的後端，然後黏接在已經安裝於支柱下側前端的糖工藝基座上面。接著使用液狀糖漿，將緞帶也固定在已安裝於支柱中央的糖工藝上面。 M~O

► 如果只黏接在下側前端的話會不穩定，所以還要黏接在支柱中央的糖工藝上面，做出 2 個固定點。

12 依照與 ⑪ 相同的作法將吹糖的花莖安裝在支柱上。 P~Q

13 安裝設計成捲曲圓弧狀的中尺寸緞帶。將黏接用的固狀糖團放在緞帶的後端，然後黏接在已經安裝於支柱上的糖工藝基座上面。接著使用液狀糖漿將緞帶也固定在已安裝於花朵周圍的白金色花瓣背面。此外，從作業性和平衡的觀點來看，在黏接中尺寸的拉糖緞帶之前，也可以先將以糖製作的花朵和花瓣黏接在支柱上面（參照 147 頁）。 R~T

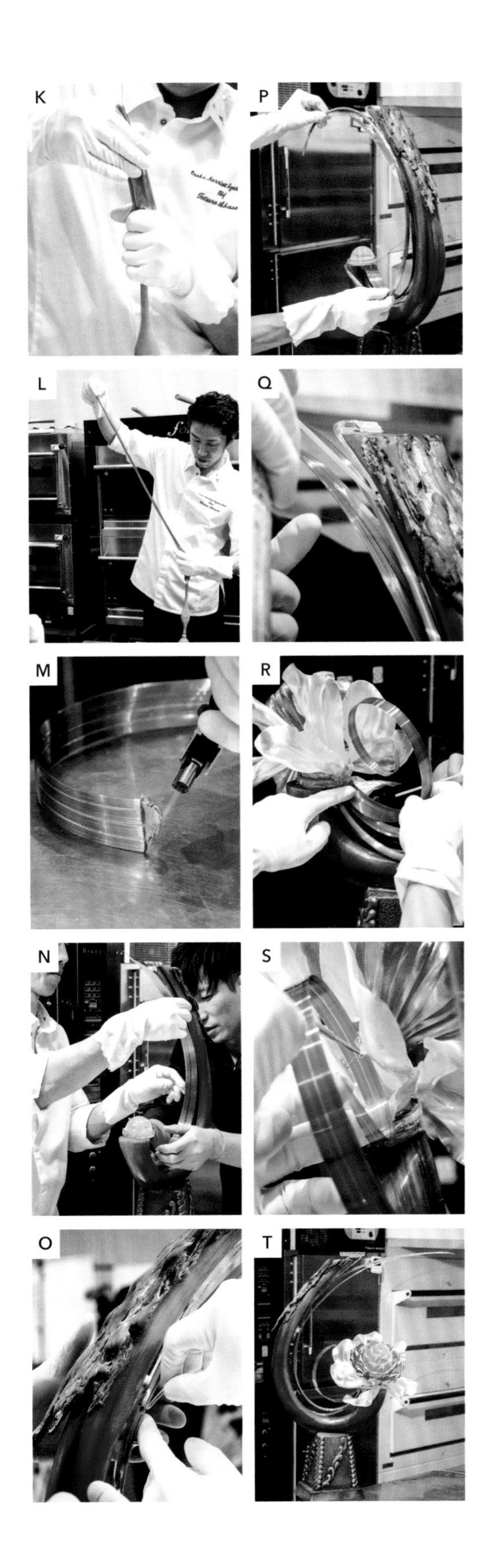

《巧克力》— 小島的工藝

1 以食物處理機將白巧克力攪拌成顆粒狀。 A

► 請注意，過度攪拌的話巧克力會因摩擦生熱而融化，變成更大顆粒的狀態，並且會形成黏土狀集結成一團。

2 將 ① 各自分成適當的分量，其中一份加入黃色的液體色素，另一份加入綠色的液體色素，稍微攪拌一下，將全體染上顏色。染成黃色的巧克力會使用於白色植物的工藝上（次頁）。 B~C

3 將大型圓形圈模以透明膠帶固定在作業台上，在它的內側放入小型圓形圈模，以同樣的方式固定。

4 以擠花袋將牛奶巧克力擠入大小圓形圈模之間，此時請不要將空間完全填滿。 D

► 因為巧克力凝固時有向內側收縮的傾向，所以放置在內側的小型圓形圈模常常很難拆卸下來。事先在小型圓形圈模的外側貼上塑膠片，就可以輕易地拆卸下來。這次因為巧克力層做得比較薄，所以對於拆卸小型圓形圈模沒什麼影響，因此在沒有貼上塑膠片的狀況下進行作業。

5 在擠出的巧克力凝固之前，放上樹木的巧克力工藝（將黏接在支柱上、仿造樹皮的巧克力工藝，切下適當的尺寸後黏合而成），並在它的周圍撒上攪拌成顆粒狀的綠色巧克力。 E~F

6 接著以擠花袋擠入牛奶巧克力，在它上面撒上攪拌成顆粒狀的綠色巧克力。 G~H

7 就這樣放置一陣子直到巧克力凝固為止，凝固之後即可取下圓形圈模。 I

8 依照與黏在支柱上的樹皮相同的作法上色（參照 142 頁）。 J

《巧克力＆糖》－ 白色植物的工藝／小島的完成

白色植物的工藝

參照：配件「藤蔓」的製作方法（巧克力初級篇）

1 以食物處理機將白巧克力攪拌成黏土狀，搓揉成細棒狀之後讓它凝固。

2 將融化的白巧克力塗抹在①的前端，然後裹滿已染成黃色的顆粒狀巧克力，就這樣放置一陣子直到巧克力凝固為止。 A~C

小島的完成

參照：巧克力的基座和葉片的製作方法（巧克力中級篇）、
糖的基座和葉片以及花莖的製作方法（拉糖初級篇）

3 在已經上色的圓盤狀巧克力基座（以大、小 2 個尺寸不同的圓形圈模成形的巧克力工藝貼合而成）上面，擠上黏接用的巧克力，放上小島的工藝後，黏接起來。 D~F

► 原本要將零件黏接在基座上時，為了提升黏接的強度，會稍微削刮黏接面，再以瓦斯噴槍烘烤後才黏接起來，但是這裡，要重疊上去的零件重量或穩定感並沒有特別需要這樣做，所以採用簡單的黏接方法就 OK。

4 在小型圓形圈模留下的痕跡裡鋪滿已染成綠色的顆粒狀巧克力。

5 在尺寸與③的小型圓形圈模痕跡一樣的圓盤狀糖工藝（以圓形圈模成形的無染色流糖）上面，黏接作為樹幹的棒狀糖工藝（綠色的吹糖），然後放置在小型圓形圈模的痕跡裡。 G

6 在糖工藝的樹幹上黏接以糖製作而成的綠葉和巧克力花朵，接著在作為樹木的巧克力工藝上面，安裝以巧克力製作而成的綠葉和白色植物的工藝。 H~J

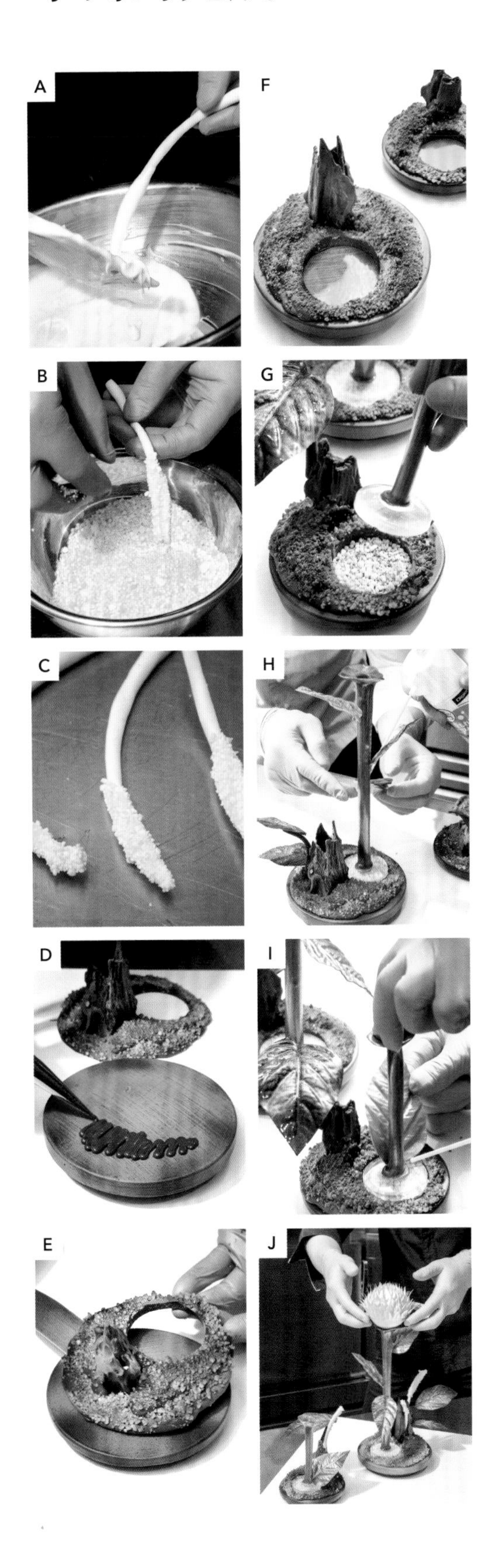

《糖》— 兔子下半身的工藝

參照：櫻桃＆女性的製作方法（拉糖中級篇）、小丑的製作方法（拉糖高級篇）

腰部到膝蓋

1 將紅色的流糖用糖漿擴展成圓盤狀。

2 拉摺白色的拉糖用糖團，拉出光澤，成形時做成與 ① 相同的尺寸。

3 將 ① 重疊在 ② 的上面，紅色那面朝向外側，戳出凹洞，與包覆幫浦的管子緊密地貼在一起。 A

4 灌入空氣，待灌入空氣到了某個程度之後，為了讓前端稍微變尖，所以採用放在保溫燈的燈台上用手按壓等方法來調整形狀。將全體平緩地摺彎，表現出兔子的腰部。 B~C

5 將剪刀從前端剪入，剪得稍長一點，剪開成一半。將剪開的部分作為兔子的胯下。 D

6 繼續灌入空氣讓體積加大，以扭轉胯下的某部分等方式，一邊想像著完成的樣子一邊成形。 E

7 以瓦斯噴槍的火焰烘烤插著幫浦管子的部分，以剪刀剪下糖團，拔除管子。想像著在這之後要將上半身黏接上去，先將切開的洞口整理得稍微凹陷下去。 F

8 以瓦斯噴槍的火焰烘烤胯下的前端部分，以剪刀剪下，然後用手指或調色刀擴大剪開處的洞口做出厚度。 G~H

膝蓋以下

9 將白色和黑色的拉糖用糖團合在一起，用扭轉或滾動的方式混合成灰色。

10 將 ⑨ 的灰色糖團，和白色、黑色的拉糖用糖團分別搓滾成棒狀，將它們以長邊橫放的方式緊密相貼，並排在一起。 I

11 扭轉 ⑩，做出螺旋狀的紋路。 J~K

► 事先將 3 種顏色的糖團調整成一樣的軟硬度。如果軟硬度不一樣，在扭轉的時候，柔軟的糖團會塞在硬的糖團裡，或是柔軟的糖團彼此混雜在一起等。

12 滾動 ⑪，成形時讓其中一端較粗，另一端較細，再切成適當的長度。 L

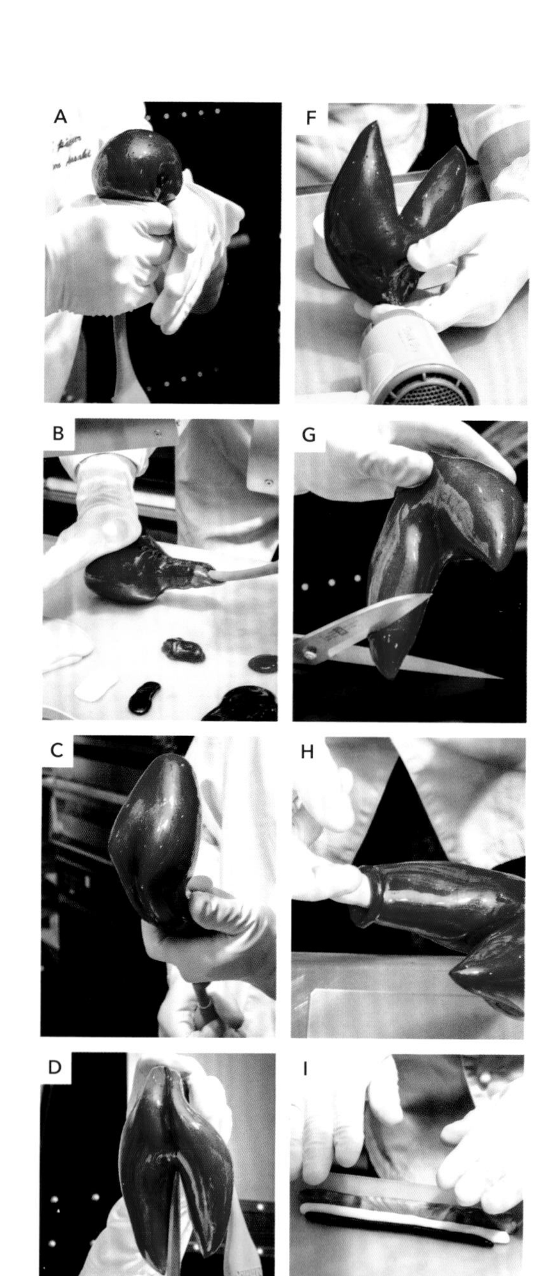

靴子

13 拉摺紅色的拉糖用糖團，拉出光澤，再將糖團緊貼著幫浦的管子。

14 一點一點地灌入空氣。等到稍微膨脹之後，前端維持圓形，同時用手拉長糖團，把它摺彎。 M~N

15 以剪刀剪掉不需要的部分，拔掉幫浦的管子。可以比比看兔子膝蓋下方的零件以決定長度，將腳踝以上的部分剪成適當的長度。

16 拉摺紅色的拉糖用糖團，把它拉薄，剪下適當的形狀，當成靴子的鞋舌，然後黏接在 ⑮ 的上面。 O~P

17 拉摺紅色的拉糖用糖團，把它拉薄，剪下長方形。捲成一圈黏接在 ⑯ 相當於腳踝以上的部分。 Q

18 將黑色的流糖用糖團做成極細的短繩狀，將它組裝成蝴蝶結的形狀。同樣地將黑色的糖團做成細繩狀，貼放在靴子上，一邊用烙鐵切成適當的長度，一邊黏在靴子上。完成時貼上做成蝴蝶結形狀的糖團。 R~S

19 將黑色的流糖用糖團弄薄，黏接在靴子的底部。以剪刀在底部劃入紋路。 T

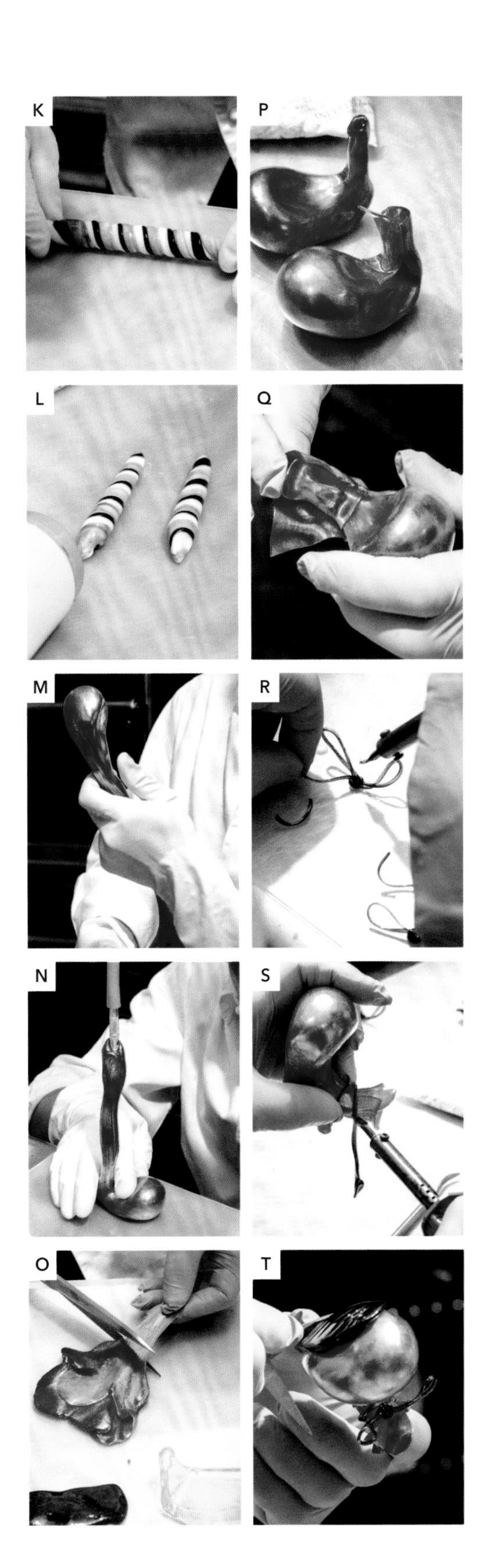

《糖》— 兔子上半身的工藝

參照：櫻桃＆女性的製作方法（拉糖中級篇）、小丑的製作方法（拉糖高級篇）

身體

1 將粉紅色的拉糖用糖團延展成圓盤狀，戳出凹洞之後，包覆幫浦的管子緊貼在一起。 A

2 灌入空氣，待灌入空氣到了某個程度之後，採用放在保溫燈的燈台上用手按壓等方法來調整形狀。前端先是圓的，愈接近管子連接的部分會愈細。 B~C

3 偶爾貼著兔子的下半身確認尺寸和形狀，反覆進行②的作業。 D

4 以瓦斯噴槍的火焰烘烤插著幫浦管子的部分，以剪刀剪下糖團，拔除管子。

5 拔下幫浦管子的那一側，以剪刀修剪，調整形狀，以便黏接上頭部的零件。 E

雙臂

6 將粉紅色的拉糖用糖團延展成圓盤狀，戳出凹洞之後，與包覆幫浦的管子緊貼在一起。

7 灌入空氣，待空氣灌入到了某個程度之後，拉開前端，再拉長成細長狀。偶爾貼著兔子的身體確認尺寸和形狀。變成適當的長度之後將它摺彎，做成手肘的關節。 F~G

► 考慮到稍後要黏接在身體上面，先把肩膀側做得稍厚一點，另一側則做得稍薄一點。

8 以瓦斯噴槍的火焰烘烤插著幫浦管子的部分，以剪刀剪下糖團，拔除管子。 H

9 將⑧的切口修剪整齊。以這個部分作為袖口。

10 將白色的拉糖用糖團延展成帶狀，纏繞在袖口。將做得極細的黑色糖團以瓦斯噴槍燒融，輕輕點一下安裝在袖口的白色部分，當作是袖釦。 I~J

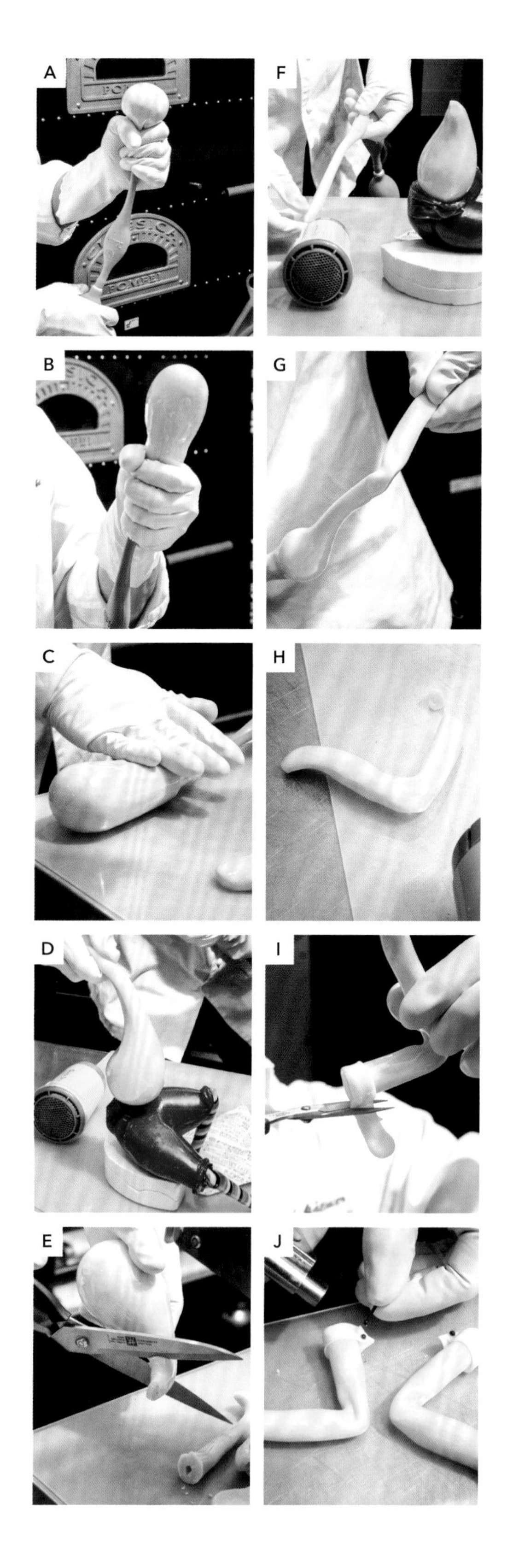

《糖》— 兔子身體零件的黏接

1 將膝蓋下方的零件，黏接在腰部到膝蓋的零件上。將黏接用的固狀糖團放在腰部到膝蓋零件前端的洞口，以瓦斯噴槍稍微燒融之後，黏接膝下的零件。 A~B

▶ 腿的角度也要十分留意。

2 將身體的零件黏接在 ① 的上面。先將黏接用的固狀糖團（這裡是粉紅色）放在身體的黏接部分，以瓦斯噴槍的火焰烘烤稍微燒融。再將 ① 的零件的黏接部分也以瓦斯噴槍的火焰烘烤稍微燒融，然後將兩者黏接起來。 C~E

3 準備紅色的拉糖用糖團，取一部分拉摺出光澤。

4 在已經拉出光澤的紅色拉糖上面，疊放沒有拉摺過的紅色糖團，延展成帶狀。

▶ 將具有透明感、未經拉摺的糖團，與已經拉摺出光澤的糖團重疊在一起，再延展開來，色調就會產生深度。

5 將 ④ 未經拉摺的糖團那面朝向外側，纏繞在 ② 的腰際部分，纏成兩層。以調色刀調整形狀，表現出服裝的皺褶。 F~H

6 分別將身體和手臂的黏接部分以瓦斯噴槍的火焰烘烤稍微燒融，然後黏接起來。將調色刀等抵在黏接部分，表現出服裝的皺褶。 I~J

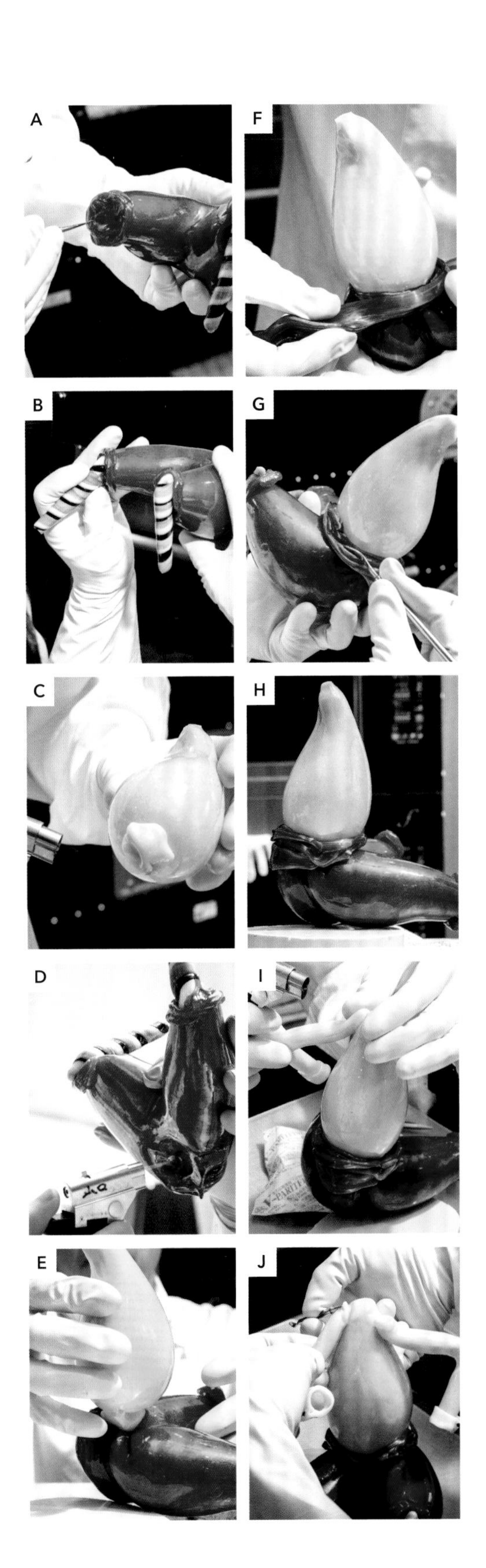

《糖》— 兔子的裝飾

參照：女性的製作方法（拉糖中級篇）、小丑的製作方法（拉糖高級篇）

吊帶

1 製作吊帶的釦環。將黑色的拉糖用糖團切下小塊，使用調色刀等將形狀調整成三角形。 A

2 製作吊帶。拉摺褐色的拉糖用糖團，拉出光澤。出現光澤之後拉長成細帶狀，以肩膀為支點，捲繞在兔子的身體上。 B

3 以瓦斯噴槍的火焰烘烤吊帶的黏接部分，貼著①的釦環黏接起來。 C

脖子

4 將粉紅色的拉糖用糖團拉長成棒狀。變成適當的長度之後切下來，黏接在身體上。 D

脖子和胸口的裝飾

5 製作領巾。拉摺白金色的拉糖用糖團，一邊拉出光澤一邊拉薄。

6 將⑤剪下適當的大小，在各處製造出弧度。準備3片左右，稍微重疊在兔子的胸口，並黏接起來。 E~H

7 將⑤做成帶狀之後剪下來，用手做出鬆弛感，表現出皺褶。將這個捲在兔子的脖子上，黏接起來。 I

8 製作襯衫的領子。拉摺白色的拉糖用糖團，做成小小的帶狀之後剪下來。將這個捲在脖子上，黏接起來。 J

► 細小部分的黏接，可以將黏接用的固狀糖團切成小塊後把前端燒融，再以調色刀將它推到黏接部分，就可以很方便地黏上去了。

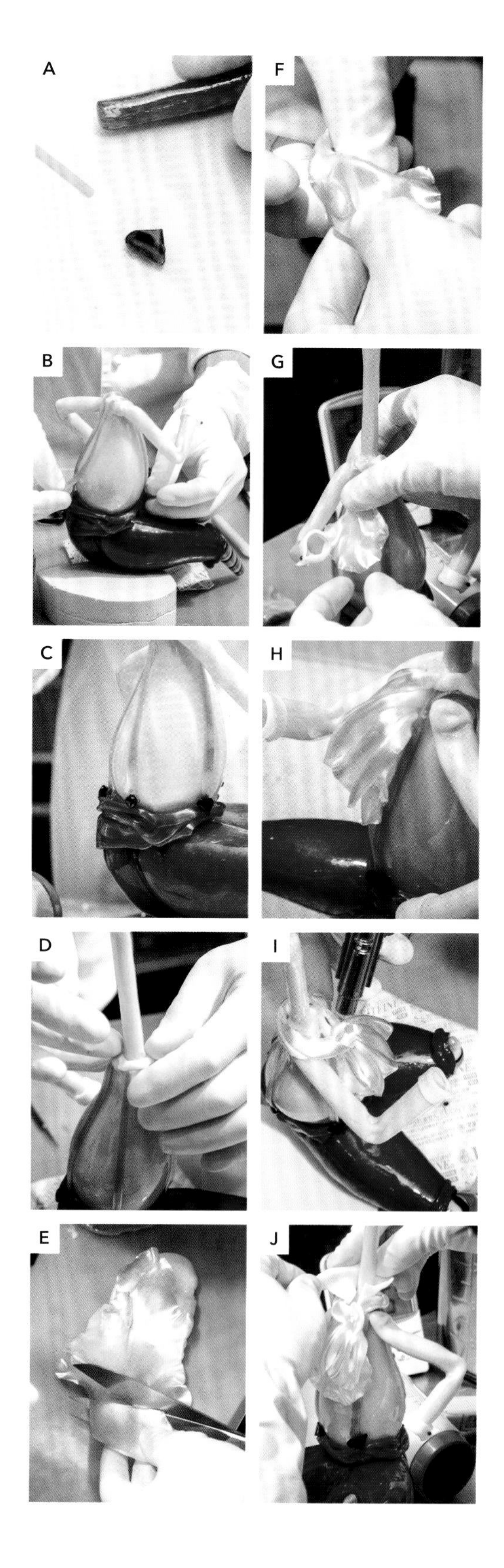

《糖＆巧克力》— 兔子的黏接・搭配・完成

參照：兔子零件的製作方法（巧克力中級篇）、巧克力的葉片和花的製作方法（巧克力初級篇・中級篇）

1 將做成圓盤狀的糖工藝（與中央的糖工藝相同作法成形的綠色流糖），黏接在已經安裝在支柱中央的糖工藝前端（上側）上面，這會作為兔子的基座。將黏接基座用的固狀糖團以瓦斯噴槍燒融，再將兔子放上並黏接。　A~B

2 一邊觀察全體的平衡一邊決定兔子的腿長，以烙鐵融化之後切掉。

3 將黏接用的固狀糖團黏在靴子裡，將兔子的腿固定住。　C~D

4 一邊觀察全體的平衡，一邊決定兔子的脖子長度，以烙鐵融化之後切掉。

5 黏接兔子的頭部。首先，將兔子的頭部貼著身體看看，確認衣領的寬度是否沒問題。如果必須修正，就以瓦斯噴槍烘烤衣領，讓它稍微軟化之後摺彎，調整角度。　E

6 將黏接用的白巧克力塗在衣領內側和脖子上，固定住頭部。　F

7 將白巧克力搓揉成適當長度的棒狀，當作手腕，以白巧克力黏接在兔子手臂的前端。接著，將以白巧克力製作而成的兔子手掌，以相同的作法黏接在手腕上。　G

► 在變乾凝固之前，一邊觀察全體，一邊調整手的角度。

8 搭配上糖工藝（緞帶）或巧克力工藝（花朵、彎曲的棒狀、葉片、白色的小植物）。　H~J

► 一邊觀察全體的平衡，一邊黏接各個零件。黏接強度較令人擔心的零件，就以 2 個固定點來固定。

► 大面積的黏接部分（放置了兔子的基座周圍等處），要安裝葉片等配件讓它變得不顯眼，必須用這類的方式很自然地妥善處理。

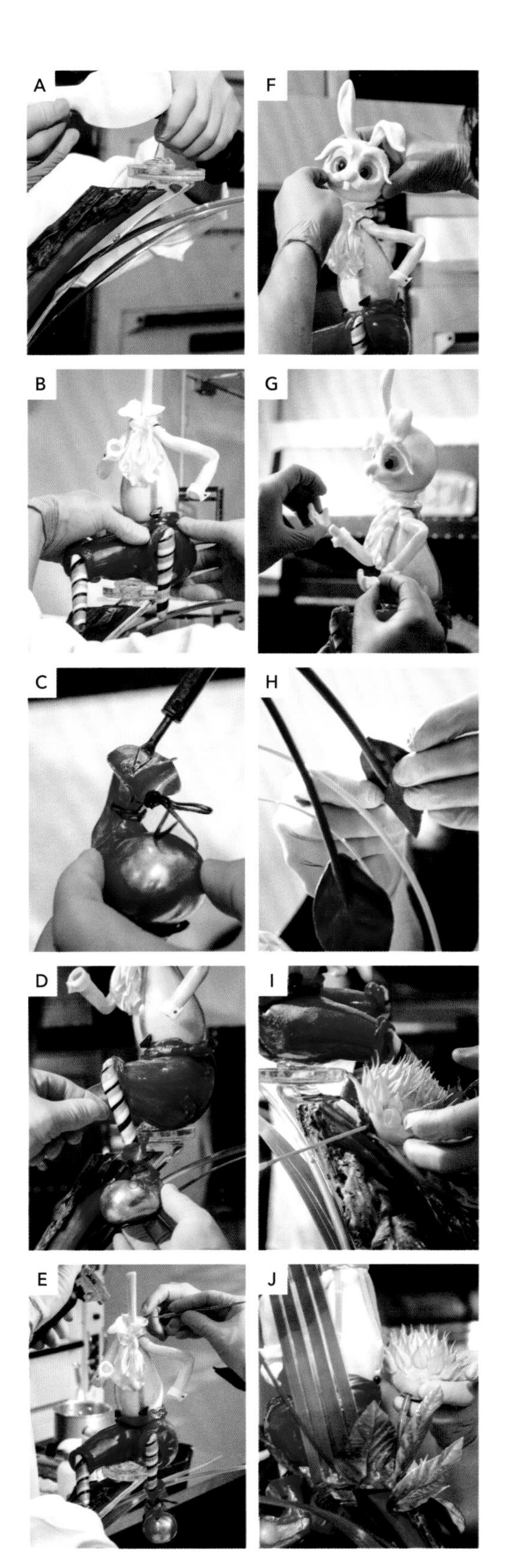

2013 年 世界盃甜點大賽
團體組亞軍・巧克力工藝組冠軍

後記

當年在我們踏入這個業界，剛開始認識甜點工藝（PIÈCE MONTÉE），並學習的時候，絕對想像不出來的世界和作品，如今俱已成真。收錄在本書中的作品，以及創造出那些作品的技術和想法，也是我們在學習各式各樣甜點工藝的同時，逐漸演變得具有我們自己的特色。

在世界盃甜點大賽（Coupe du Monde de la Pâtisserie）中獲得好評的，我們日本代表隊的作品（左頁／主題是「音樂」）也是如此。包含赤崎負責的糖工藝低音大提琴演奏者、冨田負責的巧克力工藝指揮家，還有將兩者結合為一體、以鋼琴設計而成的平台，是個充分加入了具有我們個人特色表現的作品，那同時也是多年來努力的成果。當然，不是只有個人的努力，還有像是同屬日本代表隊的成員，擔任冰雕的「PÂTISSERIE SAVEURS EN DOUCEUR」森山康先生；擔任團長，支撐著整個代表隊的「PÂTISSERIE AIGRE DOUCE」寺井則彥先生，以及平時便以專家和職人身分指導著我們的「GLACIER X」松島義典先生，這些來自周遭的堅定支持。持續與素材面對面的過程中，所獲得的知識、技術還有交流，都成為了將甜點工藝的表現往下一個層級推進的原動力。甜點工藝是個魅力四射的世界，也請大家去接收大量的刺激，興致勃勃地挑戰每件作品的製作。

—— 赤崎哲朗 & 冨田大介

Pâtisserie Quartier Latin
日本愛知縣名古屋市中川區十番町2-4
TEL 052-661-3496
http://quartier-latin-1976.jp

Osaka Marriott Miyako Hotel
日本大阪府大阪市阿倍野區阿倍野筋1-1-43
TEL 06-6628-6111
https://www.miyakohotels.ne.jp/osaka-m-miyako

Miyako Hotels and Resorts
https://www.miyakohotels.ne.jp

協力
TSUJI-KIKAI股份有限公司
VALRHONA JAPON股份有限公司

圖解拉糖藝術&巧克力工藝

世界級甜點職人親授，專為初學者打造的甜點工藝教科書

2020年2月20日初版第一刷發行

作　　者　赤崎哲朗、冨田大介
譯　　者　安珀
主　　編　楊瑞琳
特約編輯　黃琮軒
美術設計　黃瀞瑢
發 行 人　南部裕
發 行 所　台灣東販股份有限公司
　　　　　＜地址＞台北市南京東路4段130號2F-1
　　　　　＜電話＞(02)2577-8878
　　　　　＜傳真＞(02)2577-8896
　　　　　＜網址＞http://www.tohan.com.tw
郵撥帳號　1405049-4
法律顧問　蕭雄淋律師
總 經 銷　聯合發行股份有限公司
　　　　　＜電話＞(02)2917-8022

國家圖書館出版品預行編目（CIP）資料

圖解拉糖藝術＆巧克力工藝：世界級甜點職人親授，
專為初學者打造的甜點工藝教科書 /
赤崎哲朗、冨田大介著；安珀譯.
-- 初版. -- 臺北市：臺灣東販, 2020.02
160面；21×27.4公分
ISBN 978-986-511-256-1（平裝）

1.點心食譜 2.烹飪

427.16　　108022676